京都神社と寺院の森

京都の社叢めぐり

渡辺弘之
Watanabe Hiroyuki

ナカニシヤ出版

まえがき

社寺の森（社寺林）のことを、ちょっと聞きなれない用語だが、「社叢《しゃそう》」という。本文中でも述べるように神社の森と寺院の森ではちがうところがあるのだが、それでも森・樹木が社寺の景観・静寂を守り、逆に社寺のあることで森・樹木が守られている。社寺と社叢は一体のものである。そのことで社殿・本堂など建築物、神像・仏像などの文化財、神楽・伝統芸能・宗教儀式などの無形文化財が守られ、さらには伝統・歴史の舞台が保存されている。身近にたくさんの社寺があり、四季を通じ、多様な行事が続く京都に住めばこのことはよくわかる。

その社叢は一方で緑地公園と同様、災害避難場所となり、騒音防止・ヒート・アイランド現象の緩和などにも役立っている。そしてもう一つ、そこが天然記念物、絶滅危惧種の生息・分布地になっていることである。そこには多様な生物が生きている、生物多様性維持へも貢献しているということだ。

社寺を訪れる目的は何だろう。もちろん、信仰の対象としてであろう。宗教行事として、初詣で、書き初め、七五三詣り、雅楽・神楽など伝統芸能、春秋の例祭、一の宮めぐりなどでのお宮、お彼岸、花祭り、涅槃会《ねはんえ》、お盆、法事、除夜の鐘、法話、茶会、三十三ヵ所めぐりなどでのお寺、そして、古い社殿や本堂の建築、仏像・絵馬を含めた絵画・彫刻の鑑賞、伝説・伝承を含め歴史の舞台、庭園鑑賞、花見・紅葉狩り、さらにはセラピー・癒し、パワースポット、散策・野鳥観察などは、お宮でもお寺でもできる。山頂にある奥宮・奥の院へのお参りは登山・ハイキングになる。このようにさまざまな目的で訪れているが、それらの社寺で少し社叢や樹木に注目すると、そこに神木とされる巨樹・巨木や天然記念物に指定された貴重な樹木、伝承・伝説のある樹木など興味を惹かれるたくさんの樹木がある。社寺へのお参りのとき、こんな貴重な樹木があることを知っていただくと、社寺へのお参りもより印象深いものになろう。

　京都は三方を山に囲まれ、その中に吉田山、船岡山、双ヶ岡などの丘陵を配し、さらに御所、二条城、植物園などの大きな緑地、そして下鴨神社・糺《ただす》の森、平安神宮をはじめ、たくさんの社寺が散らばっている。そして鴨川・高野川の堤にはほぼ樹木が続いている。これは野鳥や昆虫類の移動の回廊ともなり、この緑に頼って百万都市としては鳥類も昆虫類も豊富である。欲をいえば、市中を南北に流れる堀川や紙屋川などにも樹木を植え、緑が繋がるといい。

　しかし、その社叢が、とくに市中では周囲を民家に取り囲まれ、落ち葉の飛散、日蔭、カラスやドバトのねぐらでの騒音などの苦情での枝落しや樹木の伐採、駐車場への転換での面積の減少、放置によるタケやシュロの侵入などで大きく変化している。社叢の維持・管理を相談する氏子・檀家組織も崩壊しているところが多い。

京都市内には神社が八一二社、寺院が一、六八一あるとされるが、小さな鳥居と祠《ほこら》の神社、地蔵さんの祀《まつ》られる小さなお堂などを含めたら、もっと大きな数になるのだろう。もちろん、社叢をもつところは大きな社寺に限られている。約二〇〇の社寺を訪ね、そこの樹木を調べたが、まだ訪ねていない社寺がたくさんあるということだ。そこには私が知らない貴重な樹木があるのかも知れない。そんなものを教えていただきたいと思う。また、樹木名にはあるいは誤りがあるかも知れない。ご指摘いただきたい。

「京都の社叢」としたが、比叡山延暦寺や石清水八幡宮など厳密には京都市外の社寺の樹木も含まれていることをご理解いただきたい。

本書を持って、社叢・社寺の樹木めぐりをしていただき、社叢の持つ役割と社叢のおかれている現状を知っていただければうれしい。

渡辺　弘之

もくじ

第1章 社寺と社叢

社寺の森（社叢・社寺林）
森（杜）と林
社寺に植えられる樹木・神木
天然記念物と社叢
巨樹・巨木と社寺
京都の森
変わる社叢とその保護
京都の街路樹（並木）

社寺の森（社叢・社寺林）

社叢《しゃそう》（社寺の森）の景観・植生は、それぞれの地域の自然・立地条件、また境内を含んだ社寺の面積・規模、創建以来の管理の仕方、さらには周辺の環境・土地利用のちがい、すなわち近くに河川や森林があるか、農耕地か、都市の中か、といったことなどで大きく異なるが、歴史ある社寺が社叢を守り、社叢の存在によって社寺の静寂さ・荘厳さが守られているといっていいであろう。とくに、そこに存在する巨樹・巨木は社寺のたたずまいに風格と落ち着きを与え、逆に、巨樹・巨木があることで、そこに社寺のあることがわかる。

京都府ではすぐれた自然環境と歴史遺産を一体として「歴史的自然環境保全地域」を指定している。花背大悲山《はなせだいひさん》（峰定寺《ぶじょうじ》）、男山《おとこやま》（石清水八幡宮《いわしみず》）、小塩山《おじおやま》（金蔵寺《こんぞうじ》）、当尾《とおの》（浄瑠璃寺《じょうるりじ》・岩船寺《がんせんじ》）などだが、歴史遺産が自然を守り、自然が歴史遺産を守っている。森林・樹木が社寺を守り、社寺の存在で森林・樹木が守られてきたのである。

社叢といっても、神社の森、いわゆる鎮守の森と、寺院の森とではその景観に基本的にちがうところがある。すなわち、神社では通常、社叢は自然のままにし、伐採などはしない。「不入の森《いらず》」、「禁足地」といわれる由縁である。「定《さだめ》」として、そこには樹木の伐採、殺生の禁止の高札が掲げられている。この「定」はよく守られているが、これは歴史的に見れば樹木の伐採が行われていたということらしい。

『延喜式《えんぎしき》』（延長五年・九二七）には、「神社の内は樹木を伐り、および死人を埋葬することを得ず」とある。これらが行われていたので禁止令がでたのである。

　一方、寺院では建物が中心で庭園は毎日掃除するなど、かなり手を入れている。テレビ番組で一休さんがいつも箒《ほうき》を持ち、掃除していることでもこのことが理解できる。しかし、五五二年または五三八年といわれる仏教伝来以来、明治時代の神仏分離令まで、長い神仏習合の歴史があったし、寺院でも周囲にすばらしい森林をもっているところも多い。このことは三方を山に囲まれた京都で、その山麓に位置するたくさんの寺院をみれば理解できる。逆に、高野山金剛峰寺《こうやさんこんごうぶじ》や比叡山延暦寺《ひえいざんえんりゃくじ》は森の中に伽藍が建てられている。やはり森を大事にしている。

　社叢は社寺あってのもの、社寺の景観・静寂を守っているが、同時にもっと多様な役割をはたしてい

男山・石清水八幡宮

樹木が社寺を守る（木津川市・湧出宮）

る。まず第一が、そこに社寺のあることだ。氏子・檀家はもちろん、地域住民の心の拠り所、地域社会の維持への役割である。多様な行事に人々が集まる。以前はここに住民が寄り合い、合議をしてきた。社寺は神像・仏像、絵画・彫刻など文化財を保存し、神楽《かぐら》・伝統芸能などの無形文化財を保存し、伝説・歴史の舞台を保存している。歴史に登場するたくさんの社寺をもつ京都に住めば、このことはよく理解できる。

第二が、都市緑地と同様、社叢が防災避難指定地になり、騒音防止、大気の浄化、ヒート・アイランド現象の緩和にも貢献していることだ。

そして、第三が、生物多様性維持への貢献だ。社寺の創建から長い年月を経ている場合、さらには比較的大きな面積を持っている場合など、社叢に地域の原植生・極生相の森林が保存され、そこが貴重な動植物の生息・分布地ともなっている。天然記念物、絶滅危惧種の生息・分布地などとして指定されているところもある。とくに、都市域においては自然の残る緑地は社叢のみとなっているとき、動植物はここに逃げ込み、ここを最後のすみかとしている。

社叢には森とともに、神社であれば鏡池、御手洗《みたらし》の小川、さらには修行の滝があり、寺院であればハスの咲く放生池《ほうじょういけ》や行場の滝がある。多様な自然があり多様な生物のすみかとなっているということだ。校庭をひっくり返しアメリカザリガニを入れたビオトープを新しく作るより、近くの社叢を自然教育・環境教育の場にする方がより多くの利点がある。一般市民も社叢を散歩の場にするなどレクリエーションの場としても利用している。政教分離のため地方公共団体の支援が望めない社叢ではあるが、もっと有効に利用する方法を考えたい。そのことは神様も仏様も喜んでくれるはずだ。

森（杜）と林

神社の森を「鎮守の森」というが、決して「鎮守の林」とはいわない。「森」と「林」をどう区分しているのであろう。文部省唱歌『汽車』（明治四五年・一九一二）の二番に「森や林や田や畑、後へ後へと飛んで行く」というのがある。ここで田と畑の区別は簡単だ。水稲栽培のため水が張ってあれば田、なければ畑である。さて、問題は「森」と「林」の区別である。新幹線のようにあっという間の通過でなく、ゆっくり走った当時のこと、窓の外の観察は十分できたであろうが、それでも一瞬に「森」と「林」を区別しているとしたら、その根拠がよくわからない。

歴史学の上田正昭先生によれば、森（モリ）と林（ハヤシ）という言葉は『出雲国風土記《いずものくにふどき》』（天平五年・七三三）に「母理郷《もりごう》」と「拝志郷《はやしごう》」という記述があり、モリの村とハヤシの村があったという。一般には森は天然（自然）林、林はスギ・ヒノキなどの人工林を指すとされている。ところが、ブナやトドマツなどの天然林でも、ブナ森・トドマツ森とはいわないで、ブナ林・トドマツ林という。森が山岳林、樹木に覆われた山を指すのに、林は平地に広がった森林を指すともされる。先の『出雲国風土記』の森と林がこの天然林と人工林にどう対応するのかはよくわからない。

天然林とは人手を加えず種子の発芽や萌芽などで自然に成立した森林である。一方、人工林とは人の手で播種《はしゅ》・苗木の植栽などをして仕立てた森林、スギ・ヒノキ林などだ。ハヤシの語源は人が「生やした」ことだという。これなら、森と林の区別ははっきりできると思われるかも知れないが、実際はもう少し複雑だ。たとえば、里山だ。ここでは日常的に薪《たきぎ》とりなどで樹木の伐採を続け、その後、種子の発芽や萌芽で更新したところである。人工的な播種や苗木の植栽はしていない。薪炭林・二次林ともいうが、森とはいわないとしても、やはり天然林の範疇である。しかし、天然林といってもブナやトドマツなどまったく人手の入っていない大木のある「原生林・原始林」と呼ばれる森林とは大きく異なる。こんなことから、里山のクヌギ・コナラ林などを「天然生林」といって「天然林」と区別したりしている。

天然林と人工林の区別は明確、人工的な植栽をしたかどうかだといったが、実はこれも明確ではないこともある。木曽・赤沢のヒノキ林や高知・魚梁瀬《やなせ》のスギ林は天然のすばらしい森林だが、ここの一部地域では稚樹の発生が少なく後継樹がほとんど育っていない。このためこんなところには苗畑で育てたヒノキやスギの苗木を植え込んでいる。これが大きく育ったとき、ここを天然林と呼べるのだろうか。林業ではこんな作業を更新補助作業といっている。大木を伐採・搬出したあとの熱帯林でも有用なフタバガキ科樹木やナギモドキなどの苗木を植えることはよくやっている。

呼び方での最近の大きな変化の一つが、「天然林」から「自然林」への言葉の移行であろう。文化財保護法では「天然記念物」であるが、最近の自然環境に関する法律はすべて「自然公園法」、「自然環境保全法」で、新聞でも「天然林」でなく、「自然林」を使うことが多くなっている。

先の『汽車』の時代、まだ人工林は多くなかったので、天然林を森と判断したのかも知れない。しかし、その鎮守の森・社叢の多くは献木のスギが大きく育ったものだ。スギ林といっても同齢のスギ人工林の景観は大きくちがい、やはり、森というイメージである。「鎮守の林」といわないのも何となくわかる。「鎮守の杜《もり》」としていることも多い。たくさんの社寺があった京都でも、「森」がある程度の規模をもっている社叢に対し、「杜」はやや規模の小さな社叢を指しているようだが、厳密な区別はないようだ。

「森」と「林」の区別も考えてみるとむつかしいものである。

下鴨神社・糺の森

高知・魚梁瀬千本山の天然スギ林

社寺に植えられる樹木・神木

神事のために神社に植られる樹木が、サカキ（榊）、オガタマノキ（招霊）、ナギ（梛）などで、これらに紙垂《しで》がつけられる。もちろん、地域性もある。サカキのない北海道ではイチイ（オンコ）が玉串に使われる。一方、寺院に仏花あるいは釈迦ゆかりの樹木として植えられるものが、シキミ（樒）、ボダイジュ（菩提樹）、コウヤマキ（高野槙）、タラヨウ（多羅葉）、ナツツバキ（サラノキ・サラソウジュ）（夏椿・沙羅・沙羅双樹）などである。

サカキの和字は榊、シキミの和字は梻である。ヒサカキはサカキのない関東・東北地方でサカキ代わりに使われるようだが、関西では仏花である。京都でもオガタマノキが寺院に（たとえば、霊鑑寺《れいかんじ》、観智院《かんちいん》、妙顕寺《みょうけんじ》など）、逆に、タラヨウが神社（たとえば、下鴨《しもがも》神社、櫟谷七野《いちいだにななの》神社など）にあったりするが、長い神仏習合の時代があったのだから、不思議なことでもないのだろう。イチョウはとくに仏教とは関係はないと思われるのだが、寺院に植えられていることが多い。

神事に使うものでなく、境内にある巨木などを神籬《ひもろぎ》・神木（霊木）と呼び、神霊の宿るものとして、注連縄《しめなわ》が張られている。『万葉集』では「神樹」と詠まれているという。神木にはスギが多いようだ。これはスギが大木になること、まっすぐに伸びることによるのだろう。この他、カムコケ（カクトケノキ）とされるものは、落雷を受けた樹木のことで、古代にはとくに神聖視された。実際、雷のあの威力は「神が怒っている」と思わせる現象である。それも古木・大木は樹齢を重ねたもの、落雷を受けた経験も多いはずだ。これらが伐られることなく、残されている。

沖縄では祭礼にはホルトノキ、イヌマキが使われるようで、那覇・牧志の市場でも売っている。フクギも葉を対称にだすので、めでたい樹木とされる。京都の社寺に目立つ樹木に、クロガネモチ、サンゴジュ、イチョウなどがあるが、これらは防火樹としての役割を果たしている。

新熊野神社の神木　クスノキ

櫟谷七野神社（賀茂斎院跡）の神木　クロガネモチ

天然記念物と社叢

少し古いものではあるが、勧修寺経雄『古都名木記』（京都園芸倶楽部・一九二五）には、名木として二〇八本もの樹木が記録されている。そのうち一四三本が社寺にある。詩歌に詠われたもの、伝承・伝説のあるものが中心なのだから、社寺に多いのも当然であろうが、社寺がそれらの樹木を守ってきたことは確かだろう。

京都市域に国指定の特別名勝、名勝、史跡は多いが、国指定の天然記念物は意外に少なく山国・常照皇寺《じょうしょうこうじ》の九重桜、深泥池《みぞろがいけ》の生物群集、清滝《きよたき》川のゲンジボタル、大田池のカキツバタ、善峯寺《よしみねでら》の遊龍松《ゆうりゅうのまつ》だけである。深泥池の生物群集と清滝川のゲンジボタルを除き、他はすべて社寺境内にある。京都府指定の天然記念物は知事公舎のエノキと京北下黒田町の伏条台杉群だけである。

京都市によって指定・登録された天然記念物のうち、動植物は三五件（うち動物は二件）とされている。それがどこにあるのか調べて見ると、二九件が社寺である。西本願寺《にしほんがんじ》御影堂《み（ご）えいどう》のイチョウ、大徳寺《だいとくじ》仏殿のイブキ、武信稲荷《たけのぶいなり》神社のエノキ、白峯《しらみね》神宮のオガタマノキ、古知谷《こちだに》・阿弥陀寺《あみだじ》のイロハモミジ（タカオモミジ）、松尾《まつお》大社のカギカズラ、鞍馬山・由岐《ゆき》神社のカゴノキ、天寧寺《ていねいじ》のカヤ、青蓮院《しょうれんいん》や新熊《いまくま》野《の》神社のクスノキ、金閣寺《きんかくじ》（鹿苑寺《ろくおんじ》）のイチイガシ、伏見金札宮《きんさつぐう》のクロガネモチ、金閣寺の陸舟《りくしゅう》の松（ゴヨウマツ）、大原野・善峯寺の遊龍松、大原・宝泉院《ほうせんいん》のゴヨウマツ、久多《くた》・大川《おおかわ》神社や鞍馬・由岐神社のスギ、知恩院《ちおんいん》のムクロジ、醍醐《だいご》・金剛王院《こんごうおういん》（一言寺《いちごんじ》）のヤマモモなどである。イチョウなど明らかな外来樹種もあるし、自生か植栽かの判断はむつかしいものもある。松尾大社のカギカズラ自生地、志《し》明院《みょういん》の岩峰植生など自然植生の天然記念物指定は大きく評価されていい。

『京都の自然二〇〇選　総合版』（京都府・一九九七）では京都市内には植物部門では鹿苑寺金閣のイチイガシ、古知谷・阿弥陀寺のイロハモミジ、大悲山峰定寺《ぶじょうじ》の花背《はなせ》の三本杉、青蓮院のクスノキが、歴史的自然環境部門では船岡山（建勲《けんくん》神社）、糺《ただす》の森（下鴨《しもがも》神社）、花背大悲山《はなせだいひさん》（峰定寺《ぶじょうじ》）、双ヶ岡《ならびがおか》、嵯峨野、小塩山《おじおやま》（金《こん》蔵寺《ぞうじ》）、醍醐山（醍醐寺《だいごじ》）などの社寺の森が選ばれている。

京都市は『区民の誇りの木』（全区版・京都市建設局水と緑環

大田池のカキツバタ（大田神社）

花背の三本杉（蜂定寺）

境部緑政課編集・二〇〇一）を選定し、その写真集をだしている。選定された樹木には「区民の誇りの木」との標識がつけられている。選ばれた樹木は全部で八七二本だとされているが、もっとも多いのはクスノキ、これについでソメイヨシノ、エノキ、イチョウ、ケヤキの順である。この他、市内全域で一〇本以上が選定されているのが、ムクノキ、シダレザクラ、ヤマザクラ、スギ、クロマツ、ヒノキ、クロガネモチ、イロハモミジ、ヒマラヤスギ、モミ、コジイ（ツブラジイ）、アカマツ、メタセコイア、オガタマノキ、アラカシなどである。

若一神社の「区民の誇りの木」クスノキ

これらの樹木がどこにあるのか調べてみると、何と神社に二五四本、寺院に一六五本、両方で四一九本、全体の四五パーセントにも及ぶことがわかった。社寺の境内、参道、あるいは門前、御旅所などだ。京都に社寺の多いこと、ここに多様な「誇りの木」があることがわかる。それも巨木・老木が多いことからも、これらが古くから大切にされてきたことがわかる。

社寺に次いで多いのが、小学校・中学校などの学校敷地内だが、ここにはソメイヨシノがもっとも多く、モミジバフウといった外国産樹種もある。もともとあった樹木でなく、記念樹として植えられたものである。残念なことは、「区民の誇りの木」に指定しておきながら、区によっては標識が朽ちているのに更新していないなど、扱いに区ごとの差が大きいことだ。

巨樹・巨木と社寺

京都市内の巨木・名木を調べたものに、『京都市の巨樹名木』（一～四編、補遺一～四・京都市景勝地植樹対策委員会編・一九七四～一九八九）がある。この中で取り上げられた巨樹・名木は全部で二三四本、スギ、ムクノキ、ケヤキなど大木になるものと同時に、サルスベリ、キササゲ、カクレミノ、タムシバ、フユズタ、ウラジロノキなども選ばれ、樹種は八五種にも及んでいる。大きさだけでなく、多くの樹種を対象に選んでいることがわかる。

これについてもどこにあるか調べてみると、神社に七〇本、寺院に一一〇本、その他多いところでは京都御苑《ぎょえん》・御所に一六本である。まちがいなく、社寺境内に巨樹・巨木が保護されて

神木・巨樹ケヤキの切り株（久我神社・大宮の森跡）

若一神社の前で西大路通がカーブしている

大宮姫命稲荷大神の祠とムクノキが道を狭めている

いる。
　社叢・社寺の樹木が大切に保護されてきたので巨木になった、巨木になって、さらに神木などとして崇《あが》められてきたのである。祟《たた》りがあるとされ、道路の拡張などで邪魔になっても伐られなかったものもある。
　西大路八条の若一《わかいち》神社では平清盛お手植えとされるクスノキを避けて西大路通が大きくカーブするし、竹屋町通千本東入ルでは大宮姫命稲荷大神《おおみやひめのみこといなりだいじん》の小さなお社のあるムクノキが道路を塞いでいる。

京都の森

一、二〇〇〇年もの長い間、都であったにしろ、もともとは山城の原野・原生林であったはず、徐々に消えていったにしろ、森も残っていたはずである。その名残り、証拠は市内に残る鷺《さぎ》の森（修学院・鷺森神社）、糺《ただす》の森（下鴨《しもがも》・下鴨神社）、流れ木の森（半木《なからぎ》の森・京都府立植物園内の半木神社）、梛《なぎ》（椥）の森（今熊野《いまくまの》・新熊野神社）、藤《ふじ》の森《もり》（伏見・藤森神社）といった地名だ。江戸時代に出された京都案内の代表的書物の一つ『京羽二重《きょうはぶたえ》』（一六八五）ではその巻第一に「森」の項があり、そこに一七の森があげられ、『名所都鳥《めいしょみやこどり》』（一六九〇）の巻第四には「森之部」という項があって二六の森があげられている。

ここで、たとえば『京羽二重』では「聖護院《しょうごいん》の森」、「藤森」としているのに、『名所都鳥』では「聖護院の杜」「藤杜」とし、「糺の森」は双方とも「糺森」「糺の森」である。「森」と「杜」の使い分けはそれまでの呼び名に従ったのか、どう区別したのかよくわからないが、それほど厳密なものでなく、概していえば、「森」は規模が大きく、「杜」はやや規模の小さなもの、社《やしろ》・祠《ほこら》があってそのまわりに小さな森があるようなものを指していたようでもある。

仙台は「杜の都」と呼ばれ、「杜」を使っている。『京羽二重』の杜のイメージともちがうようだ。森よりも「杜」の方がハイカラなイメージがあるようにも思う。神道関係の出版物でも最近は「鎮守の杜」

と「杜」を使っていることが多いようだ。

貝原益軒《かいばらえきけん》の『京城勝覧《けいじょうしょうらん》』（一七一一）には「聖護院の森は百万遍の南にあり森の内に熊野権現の社あり、夏は京より納涼のため遊人多し」と書いてあるそうだ。このあたりにも大きな森があったようだ。京名物八ッ橋発祥の地とされている熊野《くまの》神社は聖護院《しょうごいん》の守護神であったのだが、ここには今でも大きなムクノキ、モミなどがあるし、八ッ橋の西尾の駐車場裏にも大きなカヤがある。さらに東の錦林小学校にも大きなケヤキとムクノキがあるが、これも聖護院の森の一部であったのだろう。

それはともかく、『京羽二重』『名所都鳥』に共通して出てくる森として、先にあげた森の他に、浮田《うきた》

鷺の森（鷺森神社）

糺の森（下鴨神社）

半木の森（半木神社）

聖護院の森の名残り（左、熊野神社・右、錦林小学校丸太町通側）

の森（杜）（淀小橋）、大荒木杜《おおあらきのもり》（市原）、大宮の森（紫竹《しちく》・久我《くが》神社）、片岡の森（賀茂川の北）、柏《かしわ》の森（紫野今宮）、斎《いつき》の杜《もり》（上賀茂）、比羅木《ひらぎ》の杜（柊の森）（一乗寺）、衣手《ころもで》の杜（西京極）、多武の杜（唐橋）などがある。

実際の場所をすべて歩いてはいないが、これらの森も多くは残っていない。一方、上賀茂神社のある本山の森、下鴨神社のある糺の森、半木神社のある半木の森、鷺森神社のある鷺の森、聖護院・熊

梛の森（新熊野神社）

藤の森（藤森神社）

野神社のある聖護院の森、藤森神社のある藤の森、上御霊《かみごりょう》神社のある御霊の森、新熊野《いまくまの》神社のある梛の森、羽束師《はつかし》神社（坐高御産日神社《にますたかみむすび》）のある羽束師の森などは、いわゆる鎮守の森として残っている。大宮の森は現在の久我《くが》神社付近とされるが、久我神社には神木であった巨大なケヤキの切り株が残されている（一三頁）。また、枝を払われた大きなケヤキがたくさんある。大宮の森の名残である。明治時代になっても、大宮の森（久我神社）、糺の森（下賀茂神社）、伏見・藤の森（藤森神社）が三大森といわれていたというが、現在、大宮の森はほぼ消えているのは残念だ。

西京極に「衣手の森」と呼ばれるところがあったが、ここにも、衣手神社（三ノ宮社）境内に残るケヤキやムクノキの大木がその名残とされる。森といっても神社境内だけのところもあるが、まちがいなく神社があったからこれらの森が残されのたである。

変わる社叢とその保護

現在、多くの社寺には大きなクスノキがある。うっそうとしたとの表現に納得する光景である。それをときに手つかずの自然として紹介していることがある。しかし、実際にはその景観は時代とともに大きく変貌している。祇園・八坂《やさか》神社でも現在四条通に面した西門の後ろはクスノキに覆われているが、残された写真には、明治時代初期までは背景に大きなクロマツが写っている。境内は明るくすっきりしていたのである。植生、景観は五〇年でも大きく変化する。

枝を伐られたムクノキ（櫟谷七野神社）

「区民の誇りの木」として保護柵のあるスギ（鷺森神社）

都市域の社叢はどこも周囲を民家に囲まれ、この民家への落ち葉の飛散、日蔭、あるいは倒木の恐れ、カラス・ムクドリ・サギ類・ドバトのねぐらになることでの騒音・糞害問題、さらにはスズメバチが巣をつくるといったことなどから、境界の巨樹・巨木は太い枝まで落とされ、ひどい場合は幹の下部で伐られ、無残な樹形をしているものもある。

社寺・社叢に巨樹・巨木が保存されていることを述べたが、それは老齢ということでもある。ヒトの寿命より長いとはいえ、永遠の生命ではない。それら巨樹・巨木の下が駐車場にされる、あるいは歩道としての利用での踏みつけなどの理由で衰弱・枯死を早めているケースもある。

伏見稲荷大社《ふしみいなり》、上賀茂神社《かみがも》などではコナラを主にシイ・カシ類が次々と枯れている。「ナラ枯れ」と呼ばれるカシノナガキクイムシの穿孔《せんこう》による被害である。コナラが主であるが、常緑のシイ・カシ類などブナ科の樹木が大きな被害を受けている。森林であれば伐倒もある程度できるのだが、社寺では周辺に本殿など建物があり、樹木を倒すことができず、クレーン車で釣って外へださないといけない。そのクレーン車が入れないところも多い。ナラ枯れ防除のための伐採に大きな費用がかかっている。

カシノナガキクイムシの雌成虫はこのコナラにあけた穴の中でナラ菌と酵母を繁殖させ幼虫はこれを食べる。ナラ菌の繁殖で水分や養分を運ぶ導管が破壊され、枯れてしまうのである。被害が小さいうちに処理すればいいのだが、ひどくなってからではとても完全な防除は望めない。

社叢の樹木が保護され、それが巨樹・巨木になった、そのことで社寺の静けさ、荘厳さが守られているといったが、面積の減少、樹木を伐っての駐車場への転用など、現実にはその保護には多くの問題のあることを知っておきたい。

京都の街路樹（並木）

京都の社寺の樹木と社叢を紹介しているのだが、「車窓」からみえる街路樹（並木）についても少し述べておこう。街路樹（並木）とは文字通り道路に沿って植えられた樹木である。街路樹の歴史は古いものらしい。日本でも敏達《びたつ》天皇の時代に難波《なにわ》の市にクワを植えたとか聖武《しょうむ》天皇の時代には平城京にタチバナとヤナギ、桓武《かんむ》天皇は平安京にヤナギとエンジュを植えたとされる。そんな古い時代に平安京にエンジュが植えられていたとは本当かなと疑ってしまう。京都に古いエンジュを見ないからである。江戸時代になると街道が整備され、一里ごとに一里塚が作られエノキなどが植えられた。

街路樹も時代とともに変わっていることにお気づきだろうか。もちろん、気候がちがうのだから、都市ごとでちがうのは当然だ。北海道ならハルニレ（エルム）、ナナカマド、沖縄ならリュウキュウコクタン、アカギ、ガジュマルといったことだが、以前は街路樹として、プラタナス（スズカケノキ）、ポプラ（セイヨウハコヤナギ）、ニセアカシア（トゲナシハリエンジュ）が多かったが、これらは今ではほとんど植えられなくなった。代わって、トウカエデ、モミジバフウ（アメリカフウ）、ハナミズキ（アメリカミズキ）、ナンキンハゼ、シマトネリコなどが多くなっているようだ。

日本全国では、やはりイチョウがトップで約五七万本、ついでサクラ類で約四九万本、三位がケヤキで約四八万本だとされる。明治四〇年（一九〇七）の東京の街路樹選定ではスズカケノキ、イチョウ、

北山通(府立植物園付近)

東山通(京大付近)

五条通(高倉付近)

ユリノキ、アオギリ、トチノキ、トウカエデ、エンジュ、ミズキ、トネリコ、アカメガシワの一〇種が選ばれていたという。

京都でもたくさんの樹種が植えられているが、五条通など国道沿いは国の管轄下にあり、京都市の管理ではないという。京都市の統計には含まれないのだそうである。社寺の参道の並木なども同様だ。社寺の参道は街路樹に含まれないのだが、その並木は静かですばらしい。参詣の心を正してくれる。大徳寺《だいとくじ》、鹿王院《ろくおういん》、相国寺《しょうこくじ》などの参道がいい。

京都市の街路樹の統計資料をみると、イチョウ、ケヤキ、ユリノキなどの高木が約四三、五〇〇本、街路樹の下、あるいは間、さらには中央分離帯に植えられるシャリンバイ、トベラ、ヒラドツツジ、クチナシ、アベリアなどの低木・地被植物が約六六万七、〇〇〇本とされている。高木ではやはりイチョウが多く四一%、トウカエデ一七%、スズカケノキ一一%、サクラ類八%、ケヤキ六%、エンジュ、モミジバフウ、トチノキ、ユリノキ、クスノキがそれぞれ二%程度、その他が六%である。

イチョウ（河原町通・下鴨本通・堀川通）、スズカケノキ（東大路通・烏丸《からすま》通・四条通・西大路通）、トウカエデ（北大路通）、ユリノキ（烏丸通）、ケヤキ（白川通・御池通）、エンジュ（御蔭《みかげ》通・天神川沿い）、トチノキ（二条城北）、クスノキ（油小路通）、クロマツ（岡崎道）、シダレヤナギ（川端通）、モミジバフウ（紫明通、桂坂西周回道）、サルスベリ（北大路通）、コブシ（岩倉～幡枝《はたえ》線）などはいい街路樹だと思う。五条通（河原町通～烏丸通）はユーカリだ。

周辺の都市とくらべて、京都にはナンキンハゼ、シンジュ（ニワウルシ）、シマトネリコ、アオギリ、

烏丸通（東本願寺前）

白川通（上終町付近）

北大路通（木ノ本町付近）

ユリノキ、センダンなどが少ないようだ。

　読売新聞社が創刊一二〇年を記念して、一九九四年に「新日本街路樹一〇〇景」を選定している。京都では烏丸通と加茂街道の二か所が選ばれている。近畿では大阪の御堂筋、堺のフェニックス通、滋賀・高島市マキノのメタセコイア並木などが入っている。

　街路樹のはたす役目はまず風致・景観である。パリのマロニエ、大阪御堂筋のイチョウのように都市の顔にさえなるものだ。ついで、交通の分離や遮光などスムーズな交通と交通安全、そして、騒音の緩和・大気の浄化など環境保全である。この目的のため、排気ガスにさらされるところでも育つ樹木が選ばれてきた。しかし、根元のまわりはアスファルトで固められ、十分に根も張れず、水もわずかしかない、そして一日中、排気ガス・煤塵・酸性降下物、いわゆる大気汚染に耐えないといけない。交通量の多い道路をみればこのことはよくわかる。イチョウ、トウカエデ、キョウチクトウなど、これに耐えるものが選ばれてきたのである。それも外国産樹種も含めて選抜してきた。

　イチョウ、トウカエデ、エンジュ、メタセコイア、ナンキンハゼは中国、モミジバフウ、ユリノキ、ハナミズキはアメリカ、キョウチクトウはインドである。しかし、本来はヒトの健康を害するより低い濃度で枯死するものを植えないといけない。それが枯れるのをみて、私たちの健康によくないと判断できる、健康の指標にしないといけないはずなのである。大気汚染に強い街路樹がせいせいと育っていても、いい景観だと安心してはいけない。

　もう一つ気になることは、クリスマスになると市街地では街路樹に電飾がつけられることだ。落葉後のわずかな期間なら影響は少ないと思うのだが、ホテル近くなどでは一年中、夜になると電飾が点滅している。これは樹木の生育リズムを壊すはずず、樹木にはよくない。

第2章　社叢案内

半木の森・半木神社
糺の森・下鴨神社(賀茂御祖神社)
上賀茂神社(賀茂別雷神社)
醍醐の森

半木の森・半木神社

京都府立植物園内の北西部、桜園の北に三方を池に囲まれて半木《なからぎ》の森（流れ木の森）がある。このあたりは往古、大陸からの渡来《とらい》人賀茂《かも》族が開墾したところとされる。奈良時代には錦部《にしきごり》の里と呼ばれ、養蚕製糸の盛んな場所となり、徳島から養蚕の神・天太玉命《あめのふとだまのみこと》を勧請し、半木神社（流木神社）となったとされる。京都絹織物発祥の地とされる理由である。現在は上賀茂《かみがも》神社の末社として四月と十一月に例祭が行われている。

　花壇など明るいイメージの府立植物園の中の半木の森・半木神社は大木のある暗い荘厳な森である。ここの植生はもともとのこの地域、あるいは広く山城盆地の植生が残されているとされる。面積はわずか約〇・五ヘクタールであるが、ここでも半木の森が半木神社の静けさを守り、逆に神社があったからこの森が残されたのだといえよう。芝生の広場にある森のカフェ周辺にも大きなエノキが二本あるし、少し離れたアジサイ園近くにはサイカチの古木があったが、これも半木の森の名残りであろう。

　橋を渡った朱塗りの鳥居の前にはマテバシイ、ナナミノキ、センダン、サカキなどがある。向かって右側には大きなハナノキが二本ある。これはもちろん植えたものだが、珍しい樹木である。鳥居をくぐると右側にイチイガシの大きなものが何本かある。トウオガタマ、ナギ、カクレミノの大きなものがあるが、このカクレミノの葉には切れ込みがない。角のとれたカクレミノをみて欲しい。左側にはクスノ

半木神社

キ、ツルグミ、サカキ、そして少し離れたところにムクノキの大木がある。
本殿の左にきれいな樹皮をみせるカゴノキが三本、右側にはナギがある。本殿の後ろにはカゴノキ、ムクノキ、センダン、クロガネモチ、エノキ、アラカシなどの大木があり、その下にトベラ、トウネズミモチ、シュロ、オオカナメモチなどが生えている。これらの低木はいずれも、野鳥が種子を運んできたものである。大きなムクノキにはキヅタ（フユヅタ）がからみつき、ヤドリギがくっついている。本

初秋の頃の半木の森

半木の森の池

半木の森の紅葉と池

北山通
賀茂川門
つばき園
北山門→
カツラ
針葉樹林
水琴窟
モミジ
水車
針葉樹林
連理の枝
モミ
ムクノキ
四季 彩の丘
カナメモチ
カゴノキ
ムクノキ
梅林
半木の森
半木神社
センダン
モミジ
トウオガタマ
オガタマノキ
ハナノキ
ムクロジ
盆栽・鉢物
展示場
はす池
桜林
桜林
桜林
森のカフェ
大芝生地
観覧温室
鏡池
シダレエンジュ
ハリモミ
くすのき並木
きのこ文庫
なからぎの道
未来くん広場
賀茂川
正門
京都府立植物園内
北西部

殿後ろの橋を渡ったところに連理の枝がある。モミの幹にムクノキの枝が入りこんだものだ。

ここの池の周辺にはいつも三脚に大きなカメラをつけたバード・ウォッチャーたちがいる。カワセミを撮るためである。ウィーク・デーなど入場者の少ない日にはここでカワセミを見ることは簡単だ。ここで魚を捕ることはわかるが、どこで営巣しているのだろう。北白川の京都大学理学部植物園の池にもカワセミがいるが、営巣は何と今出川通を越えた吉田山である。ここから人家を越えてやってくる。半木の森のカワセミも園内には営巣地はないようなので、賀茂川伝いのどこかにあるのだろう。

もちろん、植物園開園時にはすでにここに半木の森・半木神社があったのだが、伐採、整地して花壇などにしないで、鎮守の森そのものを残した当時の判断には敬意を表したい。植物園の中に神社を取り込んだところなど、他にはないであろう。

糺の森・下鴨神社（賀茂御祖神社）

賀茂《かも》川と高野《たかの》川の合流点にある下鴨《しもがも》神社（賀茂御祖《かもみおや》神社）の境内約一二ヘクタールの森、糺《ただす》の森は古来より多くの物語や詩歌に登場し、葵祭《あおいまつり》など伝統行事の舞台ともなっている。神社の創建は天武六年（六七八）とされ、祭神は玉依姫命《たまよりひめのみこと》と父神建角身命《たけつぬのみこと》である。世界文化遺産に指定され、国宝（東本殿と西本殿）二棟、重要文化財五三棟などがある。「糺す」とは真澄（ただす・水源地）、只洲（合流点）などいろいろな説があるようだ。都市域にある社叢として、多くの市民が散策に訪れている。下鴨神社の荘厳さをこの森が護っていることが実感できる。私も好きなところだ。

　この森を山城盆地の原植生を保っているとか、紀元前と同じ原生林だとかと紹介されたものがあるが、昔からこの景観をずっと保っていたわけではない。ここも大きな変化をたどってきたことはまちがいないらしい。

　近くの吉田山や船岡《ふなおか》山をみてもシイ・カシ林なのだから、山城の原植生はやはりシイ・カシを主としたものであったろう。ケヤキ、エノキ、ムクノキなどニレ科の落葉広葉樹が山城盆地の原植生とは思えない。確かに、これら樹種は河川堤防や河川周辺に多い。高野川・賀茂川の合流点にある糺の森も、古来何度も氾濫し、流れが変わる攪乱を受けてきた。比叡山の荒法師とともに鴨川の流れをコントロールできなかったのである。境内の御手洗《みたらし》池に泉が湧くほど地下水位も高かった。氾濫地で土砂が厚く堆積

下鴨神社・南口鳥居

している。ここにある古代祭祀遺跡が深さ二メートルに埋まっていることからもそのことがわかる。こんな理由でここがシイ・カシ林にならず、ニレ科の落葉樹の優占する森林になったことは想像できる。とはいえ、シイがまったくなかったわけではない。現在でも、境内の泉川近くにシイの巨木がある。境内の景観の変化は残されている絵図で読み解くことができる。たとえば、『都名所図会《みやこめいしょずえ》』（一七八〇）に描かれた下鴨神社境内は本殿の後背にはスギなど高木があるが、参道に沿ってはクロマツが散在する明るい境内であった。

昭和九年（一九三四）の九月二一日に来襲した室戸台風は室戸岬に上陸後、大阪と神戸の間に再上陸した。最大瞬間風速六〇メートルという大きなもので、京都でも最大風速四二メートルを記録、西陣小学校の校舎がつぶれ児童四一人が亡くなるなど、過去最大の被害をだしたという。下鴨神社でも多くの

シイの古木（糺の森）

ムクノキ（糺の森）

N
下鴨神社
（賀茂御祖神社）
大炊殿
拝殿
本殿
ミヤマガンショウ
井上社（御手洗社）
ユズリハ
神服殿
御手洗池
タラヨウ
チャ
媛小松
ホオノキ
駐車場
出雲井於神社
連理の賢木
楼門
オガタマノキ
御手洗川
相生社
さざれ石
南口鳥居
奈良の小川
御手洗
下鴨中学
下鴨本通
下鴨中通
下鴨東通
ケヤキ
クスノキ
シイ古木
糺の森
馬場
表参道
古馬場
クスノキ
神宮寺跡
ケヤキ
瀬見の小川
泉川
ケヤキ
オガタマノキ
河合神社
カリン
イチョウ
高野川
ムクノキ
ケヤキ
御蔭通

大木が倒れるなど惨憺たる有様だったようだ。ここの本殿・拝殿付近には大木はなかったのだが、河合《かわい》神社などには近くの大木が倒れ込んだとされる。

この台風後の昭和一四年（一九三九）に、京都府立植物園の技師池田政晴氏がこの糺の森の樹木を調査した記録がある（『京都市の巨樹銘木』第一編）。高さ一・五メートルでの周囲長四メートル以上の大きなものはケヤキ五本、ムクノキ四本である。周囲一・五メートル以上の樹木は一五〇本あり、その内訳はムクノキ四二本、ケヤキ二四本、イチイガシ六本、エノキ四本、イヌザクラ、ヤブツバキ、ナナミノキ各三本、アキニレ、アラカシ各二本、この他、タラヨウ、ムクロジ、キササゲ、コブシ、コジイ（ツブラジイ）、カヤ、スギ、ヤマモミジ、イチョウなどが各一本である。ムクノキ、ケヤキ、エノキなど落葉樹、とくにムクノキの優占する森林であったことはまちがいない。常緑樹のクスノキはまったくない、現在のクスノキを主とする糺の森の景観とは大きく異なっていたのである。

室戸台風により大きな被害を受けたあと、ここにクスノキが植えられた。現在の糺の森のクスノキはこの植栽に起源する。クスノキの樹齢はほぼ八〇年ということになるが、クスノキの生育は良好だったといえる。現在、下鴨神社境内にある直径一〇センチ以上の樹木約三、〇〇〇本を定期的に調査しているそうであるが、二〇〇〇年以降はクスノキが最優占樹種になっているという。

ところが、第3章のクスノキのところで述べるように、林内でのクスノキの発芽は少なく、ケヤキ、エノキ、ムクノキの大木の枯死したあとは、アラカシ、シリブカガシなど常緑の広葉樹が後継樹となっている。林内は一層暗くなり、現在のような落葉広葉樹のケヤキ、エノキ、ムクノキに、常緑広葉樹のクスノキの混じる散策に適した景観はいずれなくなりそうである。鎮守の森ではあるが、私には落葉広葉樹と常緑広葉樹の比率、大径木・小径木の比率を見て、クスノキなどをある程度伐採し、もう少し明

河合神社内に復元された鴨長明の庵

河合神社

相生社の「連理の榊(賢木)」

糺の森の散策道(表参道)

御手洗社(井上社)と御手洗池

比良木社のチャとドベラ

るい森にした方が、市民の散策の場としてもらうためにはいいのかも知れない。実際、たくさんのモミジなどが献木として植えられているが、一部地域では日照不足で枯れている。林床にシュロ、アオキが増えているが、これも野鳥によるものであろう。

糺の森は高野川・賀茂川の合流点、鴨川公園から始まり、家庭裁判所近くでは大きなムクノキ、ケヤキ、エノキがでてくる。このあたりももともとは下鴨神社境内であったのだろう。御蔭《みかげ》通から鳥居をくぐると左に河合神社（鴨河合座小社宅神社《かものかわいにますおこそやけ》）がある。美人になるお社とされ、しゃもじ状の絵馬に描かれた美人絵がたくさん奉納されている。ほほえましい光景だ。大きなイチョウとオガタマノキがある。『方丈記』を書いた鴨長明の庵が復元されている。

ムクノキ、エノキ、ケヤキの大きな樹冠のつながる広い参道に沿って進む。下層にはシリブカガシ、アラカシ、シラカシ、イチイガシ、ヒサカキ、マサキ、ネズミモチ、アオキ、ヤブツバキなどがある。西側に明治時代まで神宮寺があった跡がある。ところどころに平滑な樹皮のクスノキがかたまっている。先に述べた室戸台風後に植えられたものである。シイがないといったが、楼門までの間、参道東側泉川近くに柵で囲ったシイの老木があるが、キノコがはえ、ちょっと痛々しい感じだ。相生社《あいおいしゃ》のところにもあるし、本殿裏の樹林もシイだ。糺の森にまったくシイがなかったわけではない。

相生社には「連理の榊（賢木）」がある。しかし、これはサカキではない。樹種はシリブカガシである。九月末には特徴あるドングリをつけている。三本のうち二本が繋がっている。この連理の榊は枯れるとまた新しい連理の榊が出現すると言い伝えられているそうだ。楼門の両側にはオガタマノキ、楼門を入った神服殿右には「媛小松」とされるヒメコマツがある。ゴヨウマツ（九二頁）で述べるように、東日本のものをヒメコマツ、西日本のものをゴヨウマツと区別していたこともあるが、現在では同種とされている。比良木《ひらき》社（出雲井於《いずもいのへの》神社）は柊社《ひいらぎしゃ》とも呼ばれ、この社殿周辺に植えられた樹木の葉には棘ができ、ヒイラギ化すると伝えられている。ヒイラギも一本あるが、現在はチャを主にトベラ、モッコクが植えられている。チャの葉に棘が出ている様子はなかった。本殿前に花が白く、雪かとも思えるというツバキ「擬雪」がある。御手洗《みたらし》社（井上社）の近くにタラヨウがあり、ここで樹下神事が行われる。近くに大きなオガタマノキもある。御手洗社の北、鎮守の森のフェンス近くにモクレン科の中国原産のミヤマガンショウ（深山含笑）がある。

　この糺の森にはヒオドシチョウ、ゴマダラチョウ、テングチョウがいる。オオムラサキも標本が残っており確実に生息していたらしいのだが、最近、見られないという。エノキのところで述べるように、これらのチョウの幼虫がエノキの葉を食べるからである。アオスジアゲハが多いのも、ここにたくさんのクスノキがあることによる。アオスジアゲハの幼虫はクスノキの葉を食べる。

　この糺の森は孤立しているようにみえるが、高野川・賀茂川沿いに続くエノキやサクラの並木などがコリドー（回廊）ともなり、面積の割にたくさんの鳥類が観察されている。

　名物は御手洗池にちなむという「加茂みたらし団子」だ。最近、一四〇年ぶりに復元されたという「申餅《さるもち》」が境内で売られている。

上《かみ》賀《が》茂《も》神社（賀《か》茂《も》別《わけ》雷《いかずち》神社）

下鴨神社とともに山城国一の宮、祭神は賀茂別雷大神《かもわけいかずちのおおかみ》と母神玉依《たまより》姫《ひめ》、雷神であることから農業の神様とされる。『都名所図会』では上賀茂神社にも境内は針葉樹あるいは広葉樹が描かれているが、ご神体の神山《こうやま》など後背の丘陵にはマツが描かれている。

現在の上賀茂神社境内は下鴨神社と比較してずっと明るい、それだけに広々とした景観である。東側一の鳥居の両側にはツガ（名札はトガとある）がたくさんの小さな球果を着けて立ち、左にはクスノキ、右にエノキがある。右側、北に並んで五本の大きなマツがあるが中に挟んでいるアカマツとは明らかにちがう樹形である。球果も大きく、下に落ちている葉を拾うと三葉である。日本産のマツではない。アメリカ産のテーダマツ（Pinus taeda）である。

一の鳥居を入ると、本殿へ向かう直線の参道の両脇に芝生地が広

一の鳥居（左にクスノキ、右にエノキ）

上賀茂神社の広い境内

N
上賀茂神社
（賀茂別雷神社）
御物忌川
新宮神社
神宮遥拝所
本殿
タラヨウ
カツラ
社務所
シャシャンボ
片山御子神社
ミアレザクラ
楼門
タラヨウ
須波神社
細殿
ネジキ
二葉姫稲荷神社
橋殿
土屋
テーダマツ
二の鳥居
ツガ
御手洗川
神馬舎
スダジイ
（睦の木）
イチイガシ
渉渓園
エノキ
ゴヨウマツ
御所屋
ヌマスギ
奈良神社
ムクノキ
庁屋
西の鳥居
駐車場
ムクロジ
ケヤキ
シダレザクラ
ならの小川
表参道
ツガ
クスノキ
エノキ
テーダマツ
ツガ
一の鳥居
バス停
大田神社→

がる。気候のいい時期にはここにたくさんの人が座り込んでいる。左には大きなキリ、右にはシダレザクラがあり、ならの小川沿いには大きなツガやヤナギがある。神馬舎近くに一本のゴヨウマツがすっくと立っている。日本のゴヨウマツは葉が短く、樹高もあまり伸びないのに、せいせいと伸びている。葉は確かに五葉であるが、葉が長い。これもまちがいなくアメリカ原産のストローブマツ（P. strobus）である。

二の鳥居の右にもツガとテーダマツがある。拝殿前の円錐形の一対の立砂（盛砂）は依り代であるが、左には三葉、右には二葉の松葉が挿してあった。三葉はテーダマツであった。本殿前、樟橋《くすのきばし》のたもとに賀茂桜、横にはタラヨウがある。本殿前を進んで神宮遥拝所には左にクスノキ、右にサカキが植えられている。対岸にカゴノキがあるが、まわりの樹木に光をとられ、弱々しい。本殿の川向かい、須波《すわ》神社の右、岩上の左に文字通り捻じれた幹をもつネジキがある。ミアレザクラは後ろのシラカシ・クスノ

ならの小川

樟橋

神宮遥拝所のクスノキ

タラヨウ（樟橋のたもと）

樹幹に被害を防ぐためのビニールシート
（ならの小川の側）

奥にある木がスダジイの古木「睦の木」
（渉渓園）

キなどに圧され樹冠は半円形だ。せいせいと枝を伸ばさせ、円形にしたいところだ。

西の鳥居からはご神体の神山《こうやま》がきれいにみえる。北側にはナナミノキやシラカシがあり、宮司の邸内には大きくはないがカツラが数本植えられている。社務所前にはきれいに刈り込まれたモッコクがある。駐車場から客殿にかけては大きなエノキ、ムクノキがつながる。夏、この樹冠をヤマトタマムシが飛ぶ。しかし、駐車場では根元のまわりはコンクリートで固められている。エノキやムクノキも苦しそうだ。枝が落下する危険があるのだろう、伐られているところもある。適当な日蔭になり車にはありがたいのだろうが、大きなエノキ、ムクノキには迷惑なことだろう。北寄りの森、曲水の宴の行われる渉渓園の中央には「睦《むつみ》の木」と呼ばれるスダジイの古木がある。ここには両手で触れると願が叶うとされる「願い石」がおいてある。

二葉姫稲荷《ふたばひめいなり》神社登り口から東にならの小川に沿った道はシイ、クスノキなど樹木もあり、流れに足をつけたり、夏には子供たちが小川の中に入って遊んでいる。しかし、ここでもカシノナガキクイムシによる被害が発生していて、シイ・カシ類には樹幹に被害を防ぐためのビニールシートが巻かれている。

少し興味をもってみると、ここにも多様な樹木がある。名物は「焼餅」である。

醍醐《だいご》の森

真言宗の宗祖弘法《こうぼう》大師の孫弟子にあたる理源《りげん》大師聖宝《しょうぼう》が、貞観一六年（八七四）に醍醐山上（標高四五〇メートル）に草庵を結び准胝《じゅんてい》・如意輪観音像を彫り堂宇に安置したのが、醍醐寺の始まりとされる。もともとは笠取山《かさとりやま》といったらしい。平成六年（一九九四）に世界文化遺産に登録された。三宝院、五重塔などのある下《しも》醍醐寺を離れ山道にさしかかるところにある女人堂（成身院）から万千代《まんちよ》川に沿って山上開山堂までの樹木を紹介する。現在、この女人堂で上醍醐への入山協力金を求められる。ここに史跡「醍醐寺境内」の石碑と「京都の自然二〇〇選」の標識がある。なお、醍醐とは牛乳を発酵させた乳製品のことで、「醍醐味」の言葉通り仏教の世界では最高の味とされるものらしい。地名「醍醐」はこのことと関係あるのだろう。

上醍醐への登り口女人堂

醍醐寺総門から上醍醐を望む

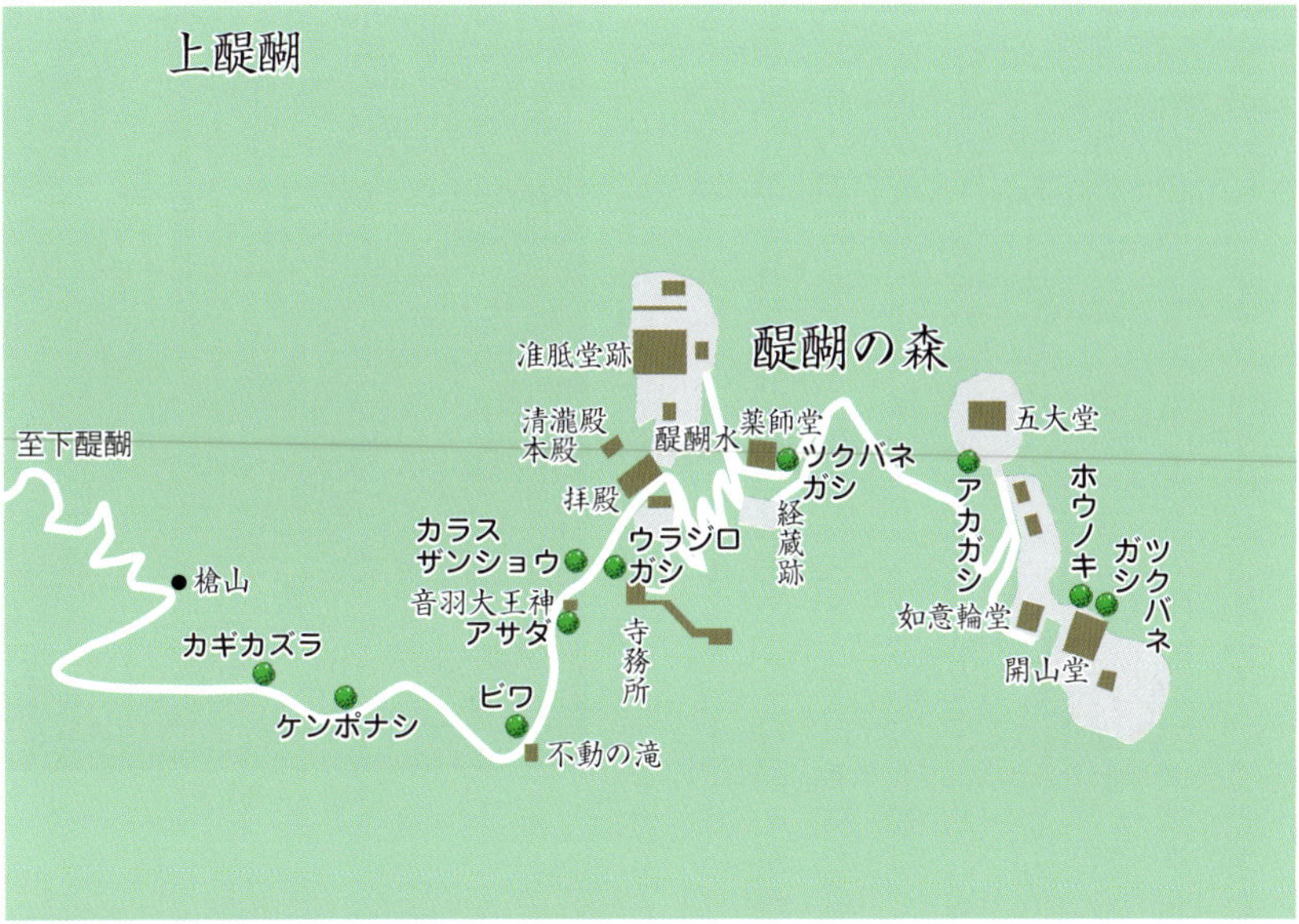
上醍醐
醍醐の森
准胝堂跡
清瀧殿
本殿
醍醐水
薬師堂
五大堂
至下醍醐
ツクバネ
ガシ
拝殿
経蔵跡
アカガシ
ホウノキ
ガシ
ツクバネ
カラス
ザンショウ
ウラジロ
ガシ
槍山
音羽大王神
アサダ
寺務所
如意輪堂
開山堂
カギカズラ
ケンポナシ
ビワ
不動の滝

下醍醐
理性院
三宝院
長尾天満宮
皇大神宮
総門
サクラ
醍醐の森
サクラ
西大門
金堂
大講堂
霊宝館
桜
並
木
駐車場
清瀧宮
本殿
拝殿
祖師堂
至上醍醐
シイ
報恩院
五重塔
女人堂
醍醐
小学校
伝法学院

参詣道には市街地にあれば区民の誇りの木に指定されてもいいシイの巨木が続く。シイの下はアラカシ、カナメモチなどだが、林床にはアリドウシがある。実際にはシイ林は参詣路の両側だけで、すぐにヒノキ・スギ林になっているのだが、往時の醍醐の森の景観を残している。修験道の山としてのきびしい登りの参詣道だが、私たちにとっては多様な樹木が足を止めさせてくれる。

秀吉が醍醐の花見をしたとされるのは下醍醐でなく槍山《やりやま》だったようだ。ここに御殿をつくって花見をしたというのだから、当時はもっと明るく遠くが見渡せたのだろう。今ではシイが覆って遠くは見えない。このあたりもシイ、ムクノキ、スギの大木の間にヤブニッケイ、リンボク、ヤブツバキ、サカキ、ネズミモチ、シロバイ、ソヨゴ、アオキが、明るいところには暖地性のイズセンリョウやビロウドイチゴが地表を覆っている。大木の幹にはマメヅタが着生している。

谷沿いにはホオノキが出てき始める。このあたりにカギカズラがある。つる性の樹木で節に鉤をつけ

上醍醐への登山道

不動の滝

ていて、これで他の樹木にからみつきながら登っていく。直径一〇センチ近い大きなもある。邪魔になるのか伐られたものがあるが、京都では松尾大社とここにしかないものだ。鉤がついているかどうかはすぐにわかろう。その鉤は一対のものと一つだけのものが交代でついているのも不思議だ。

不動の滝付近には大きなモミ、イロハモミジ、ビワ、樹皮が特徴ある鹿の子模様のカゴノキ、ケンポナシがあり、路傍には、コバンノキ、ウグイスカグラ、ミツデカエデ、ニワトコ、マタタビなどがでてくる。地表にはイズセンリョウ、キジノオシダ、ベニシダが多い。

音羽大王神《おとわだいおうじん》の手前に樹皮が荒く剥げ一見、ムクノキにもみえる大木がある。これがカバノキ科のアサダだ。テイカカズラがからみついている。数本あるのがわかるが、どれも背が高く、葉っぱを手に取ってみることができない。カバノキの仲間なのだから種子は風で飛ぶはず、明るいところに小さなものが生えているはずだと探してみたが見つからなかった。葉をみるには秋の落葉時に来るしかない。ここからの登りもきつい。

イズセンリョウ

ミドリセンチコガネ

亀にのった石碑のある休憩場付近の明るいところにはカラスザンショウがかたまり、ウラジロガシ、ホオノキ、クマノミズキがでてくる。時に、山科・牛尾山にちなんだウシオセンチコガネの別名を持つ金色の鞘翅のミドリセンチコガネが参詣道を横切る。

ホオノキ、ヒノキ、ツガ、ウラジロガシなどの大木を過ぎると、やっと峠、「下より一六丁」の休み場がある。アカマツがでてき始める。大きなコシアブラ（ゴンゼツ）、ヤシャブシなどを過ぎれば寺務所、ここからは最後の登りになる。五大力餅上げ行事の行われる五大堂にはツガ、ツクバネガシの大木がある。低木のシロダモが赤い実をつけている。

山上の如意輪堂周辺にはコハウチワカエデがあり、晴れていると大阪平野がよくみえる。開山堂の裏にもツクバネガシの大木がある。ここから白河天皇皇后賢子上醍醐陵へ下りるとモチノキ、ウラジロガシ、アカガシ、カナクギノキ、ムラサキシキブなどがある。登り一時間半の行程だが、結構きつい登山・参拝になる。

赤い実がきれいなシロダモ

上醍醐・如意輪堂

上醍醐・開山堂のツクバネガシ

第3章 京都の社寺の樹木

アカマツ　アサダ　アマチャ
イチイガシ　イチョウ　イブキ
エノキ　オオイタビ　オガタマノキ
カイノキ　カエデ　カギカズラ
カゴノキ　カツラ　カヤ
カリン　キハダ　クスノキ
クロガネモチ　クロマツ　ケヤキ
コウヤマキ　コヤスノキ　ゴヨウマツ
サカキ　サクラ　シイ
シキミ　シダレヤナギ　シマモクセイ
スギ　センダン　ソテツ
タチバナ　タラヨウ　チャンチン
ツクバネガシ　ツバキ　テイノキ
トチノキ　ナギ　ナツツバキ
ハクショウ　ハナノキ　ヒイラギ
ヒトツバタゴ　ヒノキ　ボダイジュ
ムクノキ　ムクロジ　モクゲンジ
モミ　ヤマモモ　ユズリハ
その他の樹木

アカマツ（赤松）・（メマツ雌松）

Pinus densiflora　マツ科

高木の針葉樹。クロマツが主として海岸など平地に分布するのに対し、アカマツは丘陵地など内陸に多い。樹皮は荒く亀甲状の割れ目ができるが、上部の薄いところは名の通り赤褐色で、針葉もクロマツにくらべやや細く柔らかい。お正月には「根付の松」として玄関に飾られるおめでたい樹木で、松竹梅の筆頭にあげられる。

京都・東山は現在ではほぼシイ林で覆われている。五月はじめ、黄砂の飛来する頃、山麓がシイの花で黄色く彩られることでもこのことがよくわかる。しかし、残された絵図の中の東山は、それも尾根にはマツが描かれている。まちがいなくアカマツ林だった。薪とり、落ち葉かきなど、日常、手が入っていたのである。そこには岩や滝さえも描かれている。今ではとても想像できないが、雨の後などには滝がみえた、それだけ樹木は少なかったようだ。マツタケもこの京都をとりまく三方の山のアカマツ林で採れたのである。

滋賀県・湖南市甲西《こうせい》町美松山《うつくしまつやま》の国指定天然記念物「ウツクシマツ」は根元からたくさんに枝分かれし、樹冠は傘状になる。おもしろい樹形なので庭園などに植えられているが、「松枯れ」、すなわちマツノザイセンチュウ

東山山麓に広がるシイ林

（松の材線虫）に弱く、庭園などに植栽されたものもその多くが枯れてしまった。

また、野生にはアカマツとクロマツの雑種アイグロマツがある。これも F_1（一代雑種）なら見当がつくものの、長い年月の間での雑種の形成なので、アカマツに近いものからクロマツに近いものまである。瀬戸内海の安芸の宮島のアカマツとクロマツの混在地に調査に行ったことあるが、どちらに近いかの判断に苦しむものもあった。

相国寺《しょうこくじ》や鹿苑寺《ろくおんじ》金閣のアカマツ林は都市部の中では貴重だ。雨宝院《うほういん》（西《にし》陣聖天《じんしょうてん》）の「時雨の松」は低く枝を四方に伸ばしたアカマツで区民の誇りの木の指定、詩仙堂《しせんどう》南庭の「朝鮮松」とされるものもアカマツである。東《ひがし》本願寺《ほんがんじ》阿弥陀堂《あみだどう》前、天智《てんち》天皇山科《やましな》陵参道、梅宮《うめのみや》大社の神苑（勾玉池《まがたまいけ》）、大覚《だいかく》寺《じ》境内にも大きなアカマツがある。大徳寺《だいとくじ》参道のアカマツ並木もきれいだ。

分布：北海道・本州・四国・九州・朝鮮・中国東北部

アサダ（ミノカブリ）

Ostrya japonica　カバノキ科

温帯の山地にはえる落葉高木、樹皮は荒く暗灰褐色、縦に裂け下からそ

雨宝院（西陣聖天）の「時雨の松」

大徳寺参道のアカマツ並木

り返る。葉は狭卵形、長さ五～一三センチの重鋸歯、先は尖る。一見ムクノキの葉に似ているが、ムクノキの葉の表面はザラザラなのに本種は産毛が生えたように柔らかい。

上醍醐《かみだいご》の音羽《おとわ》大王神の祠《ほこら》付近に数本の大木があるが、この周辺だけで、他には見当たらないし、稚樹もない。鞍馬山《くらまやま》霊宝殿への登り口にもあるが、ここでも稚樹をみない。永井かな『鞍馬山の植物』によれば、貴船《きふね》神社の森にも直径一・六メートルも大きなものがあると述べている。私自身では見ていない。どこにあるのだろう。京都府レッドデータブックでは絶滅寸前種にランクされ、京都府内では青葉山、大江山、佐々里《ささり》峠にあるとされている。

分布：北海道・本州・四国・九州

上醍醐・音羽大王神のアサダ

アマチャ（甘茶）（ヤマアジサイ山紫陽花・サワアジサイ沢紫陽花）

Hydrangea macrophylla subsp. *serrata*　アジサイ科

ヤマアジサイ（サワアジサイ）は山地の沢沿いにあるごく普通の落葉低木で、葉は対生、青藍色のきれいな装飾花をつける。枝はよく分枝する。全国に広く分布し、花の色も葉のかたちも隣同士でもちがうなど変異が大きい。アジサイの語源は「あづ（集まる）さい（真藍）」からとされ、『万葉集』では味狭藍、安治佐為とある。漢字の「紫陽花」は白楽天の詩「招賢寺に山花一樹あり、花は香気を宿し」とあることから、源順《みなもとのしたごう》がこれをアジサイとしたのだが、アジサイは中国にはないこと、あまり香りがないことから、日本のアジサイのことではないと考えられている。

一千種にも及ぶとされる多様なアジサイの品種も、もとはガクアジサイ（H. macrophylla）とヤマアジサイから品種改良されたものである。ガクアジサイは伊豆《いず》半島・伊豆諸島にのみ分布するものだ。ヤマアジサイに、ところどころに甘茶にできる系統がある。これがアマチャ（甘茶）である。関西でも野生のヤマアジサイの中にかなり甘いものがあるという。しかし、アマチャの生の葉を噛んでも渋いだけ、ステビアのような甘さは感じなかった。これを半乾燥して揉むと、酵素の作用によりフィロズルチンを生成し甘くなる。それでも、このヤマアジサイの中に、甘いものがあることを発見した人もえらい。フィロズルチンはサッカリンの約二倍の甘味をもつという。

釈迦（釈尊）のお母さんマヤ夫人が六本の牙をもった白象が体内に入る夢を見て妊娠し、ルンビニの花園できれいに咲いているムユウジュ（無憂樹）の花に触ろうとしたとき、シッダルータ王子、のちの釈迦が生まれたとされ、この日が花祭り・四月八日とされる。このとき天界の八大龍王が

アマチャ

アマチャの花

王子の誕生を祝い産湯の代わりに甘露の雨を降らせたとの故事にちなみ、この日（灌仏会《かんぶつえ》）に寺院では花を飾り小さな釈迦像に甘茶を注ぐ。また、この甘茶を飲むと諸病に効くとされる。現在、甘茶は主として長野県信濃町と岩手県九戸《くのへ》村で生産されているといわれる。しかし、寺院でもアマチャといいながら、実はアマチャヅルを呑ませているところがあると聞いた。

アマチャはアジサイで知られる三室戸寺《みむろとじ》などにある。

分布：北海道、本州、四国、九州

イチイガシ（一位樫）

Quercus gilva　ブナ科

暖地に分布する常緑の高木、葉の裏には黄褐色の密毛があり、縁にやや鋭い鋸歯がある。樹木全体がやや褐色にみえる。アラカシやこのイチイガシは春に開花し秋には成熟してドングリを落すが、シラカシ、アカガシなどは開花した翌年の秋に成熟したドングリが落下する。成熟には二年かかるのである。カシは堅い木として知られ、木刀や拍子木《ひょうしぎ》がカシ類の材でつくられる。

金閣寺《きんかくじ》（鹿苑寺《ろくおんじ》）庭園入口に直立する二本の大きなイチイガシがある。一本は市指定天然記念物である。上賀茂《かみがも》神社（賀茂別雷《かもわけいかずち》神社）のイチイガシは区民の誇りの木に指定されている。この他、下鴨《しもがも》神社、平野《ひらの》神社、半木《なからぎ》神社（京都府立植物園内）、大覚寺《だいかくじ》の五所明神《ごしょみょうじん》などにも大きなものがある

一九八二年、下鴨神社・糺《ただす》の森のイチイガシで発見され新種として記載されたオオツカヒメテントウ（*Pseudoscymnus ohtsukai*）は、体長一・五ミリの小さなテントウムシで、その後、奈良公園や九州などでも確認されているが、基産地の糺の森では見つからず京都府レッドデータブックで絶滅危惧種、同様にイチイガシにいるミカドテントウ（*Chilocorus mikado*）も糺の森で採集されているが、これも絶滅寸前種にランクされている。オオツカヒメテントウがイチイガシで採集できることはわかっていたのだが、その生態は不明であった。北白川の京都大学理学部植物園のイチイガシからも発見され、ここで大橋和典さんによってイチイガシコムネアブラムシを捕食していることが確認された。

奈良公園・春日《かすが》大社周辺にも大きなイチイガシがあり、幼虫がこの葉を食べるルーミスシジミ（*Panchala ganesa loomisi*）は、昭和七年（一九三二）、国の特別天然記念物に指定された。当時はたくさんいて枝を揺するだけで十数頭がいっせいに飛び出すといわれたのだが、マツクイム

金閣寺のイチイガシ

上賀茂神社の「区民の誇りの木」イチイガシ

シ防除の薬剤の空中散布などで最近はまったくみられず、すでに絶滅したとされる。このルーミスシジミは房総半島、紀伊半島、中国、四国、九州、隠岐、屋久島など暖地に局地的に分布するが、食樹のイチイガシ、アカガシのあるところに限られる。京都府下ではこのチョウは見つかっていない。

分布：本州（関東南部以西）・四国・九州・済州島・台湾・中国

イチョウ（銀杏・公孫樹・鴨脚）

Ginkgo biloba イチョウ科

どこにもある落葉高木だが、もともと中国原産である。一属一種の生きた化石といわれる。雌雄異株なのでギンナン（銀杏）は雌木にしかつかない。古く唐代には日本に導入されていたとされるが、記紀にも『万葉集』にも、『枕草子』にも『源氏物語』にもイチョウは現れないという。秋にきれいに黄葉するが清少納言も紫式部も、どうもこの黄葉をみていないらしい。

生育は旺盛で病害虫も少ないことから、街路樹として、また社寺の境内に植えられる。実際、イチョウの葉に虫の食べ痕はまずみない。和名のイ

北山通のイチョウ

チョウとは鴨脚子の宋代の発音、種子をギンナンと呼ぶが、これも銀杏子の中国語の発音であるという。

葉にギンナンのつくオハツキイチョウ、葉がラッパように巻きこむラッパイチョウなど葉の変異も多く、幹の下部や枝の一部が垂れ下がるチブサ（乳房）イチョウもある。このチブサイチョウは雌木だとされているが、雄木でも垂れるものがあるようだ。

樹形でイチョウの雄雌を判別できるともいうが、確かなことではないらしい。種子（ギンナン）はお節料理に焼いたものを松葉に挿したり、茶碗蒸しに入れたりする。焼くときれいな緑色になる。しかし、有毒なので、食べ過ぎてはいけないし、子供にもたくさんは食べさせない方がいいようだ。秋の黄葉が楽しめるのだが、困るのがギンナンの果皮の悪臭だ。ギンナン拾いも種子だけ拾って果皮は捨てて帰るので、イチョウ並木周辺はしばらく悪臭に悩まされる。こんなことから雌木を植えず雄木だけにしろという意見もある。とはいえ、種子から発芽させたらギンナンがつくまで雄木か雌木かがわからない。雄木の苗木をつくるには、わかっている雄木から穂を採り挿し木苗をつくることだ。

それよりも、街路樹のイチョウが黄葉する前に、毎年、剪定されてしまうことには少々不満だ。とはいえ、落葉の処理は周辺住民にとってはたいへんだ。行政としては、この問題解決のため葉が落ちる前に枝ごと伐って

ラッパイチョウ（中央左にラッパがある）

しまおうということになるのだが、ちょっと残念に思っているのは私だけではあるまい。

秋、社寺の庭が黄金色の落ち葉カーペットで敷き詰められる。これを見に行かれる方も多いのだが、都市の中の社寺ではこの落ち葉の処理がたいへんらしい。集めた落ち葉を燃やすところはないし、また許されるはずもない。ということは、ごみ袋に入れて運んでもらっているのである。

案外知られていないのが、ギンナンの黄色い果皮に触るとひどくかぶれることだ。その痒さはウルシの比ではない。かぶれた人でないとわからないだろう。ウルシにきわめて弱く何度もかぶれている私の体験だから確かだ。ギンナンはそれほどきつい。とはいえ、どの木でもかぶれるのでなく、きつくかぶれる木とかぶれない木があるという。ギンナン拾いではゴム手袋をはめる、火箸でつかむなど、気をつけていただこう。

浄土真宗本願寺派の本山西本願寺《にしほんがんじ》御影堂《みえいどう》前の「逆さ銀杏（水噴き銀杏）」は宝暦九年（一七五九）に植えられたとされ、名の通り地際から横に広がり根を天に広げたようだ。さすがに大きく、多分、京都一だろう。天明八年（一七八八）の大火と元治元年（一八六四）の大火の際、このイチョウが水を噴き類焼を免れたとされる。京都市指定の天然記念物である。阿弥陀堂前にも、大きなものがあり、これは市保存木指定である。どちらも雄木のようである。この他にもイチョウには防火伝説が多い。本能寺《ほんのうじ》の「火

西本願寺の「逆さ銀杏」

本能寺の「火伏せ銀杏」

伏せ銀杏」はこれも天明の大火の際、水を噴き出しこの木の下に身を寄せていた人々を救ったとされる。防火樹としての役目を果たしている。イチョウの材は柔らかく緻密で碁盤、将棋盤、彫刻材などとして利用するし、俎板には最高だともいわれている。

イチョウは全国に巨樹があるが、岩手県長泉寺《ちょうせんじ》（山号が銀杏山）のものが胸高直径四・五メートルで日本最大とか、福岡県遠賀郡水巻町の八剣《やつるぎ》神社のものが最大とかいわれる。

京都の社寺でも、下鴨神社・河合《かわい》神社（神木）、御香宮《ごこうのみや》神社、仏光寺《ぶっこうじ》、花背《はなせ》八桝《やます》春日《かすが》社、随心院《ずいしんいん》、興正寺《こうしょうじ》、平野《ひらの》神社、護王《ごおう》神社、頂妙寺《ちょうみょうじ》、大《たい》将軍《しょうぐん》八《はち》神社、菅大臣《かんだいじん》神社、伏見区淀の八大龍王弁財天《はちだいりゅうおうべんざいてん》、右京区嵯峨の四《し》所《しょ》神社（原神社）など、イチョウの大木はたくさんある。

奈良の御杖《みつえ》村土屋原の春日《かすが》神社や奈良・東大寺二月堂にラッパイチョウ、宇陀《うだ》市榛原《はいばら》の戒長寺《かいちょうじ》や曽爾《そに》村の門僕《かどふさ》神社にはオハツキイチョウがある。このあたりにこれらが集まっている理由がよくわからない。京都にも亀岡の丹波国分寺《たんばこくぶんじ》跡に大きなオハツキイチョウがある。これには下枝や幹の樹皮がふくれ、たくさんのチブサ（乳房）がぶら下がっている。オハツキイチョウでもあり、チブサイチョウでもある。この乳房を撫で自分の乳房に触れるとお乳の出がよくなるといわれているようだ。京都市内にもチブサイチョウは本法寺《ほんぼうじ》にあるが、オハツキイチョウやラッパイチョウはど

仏光寺のイチョウ

平野神社のイチョウ

本法寺のチブサイチョウ

うもないようだ。

イブキ（伊吹）（ビャクシン　真柏・白槇）

Juniperus chinensis　ヒノキ科

イブキは野生では海岸や内陸の崖などにある。葉には針葉状のものと鱗片状のものがあり、鱗片葉は裏表がない。先端部には鱗片状の葉が多いようだ。庭木や生垣として植えられる。長寿で周囲七・五メートルもの大木になる。イブキの園芸品種で枝が幹に巻き付くように捻じれるものを貝塚伊吹と呼んでいる。貝塚市でつくりだされたので、この名がある。庭木としてよく植えられているものだ。

私たちの子供時代、鉛筆はアメリカから輸入のイブキ（ビャクシン）の仲間、エンピツビャクシン（J. virginiana）でつくられていた。肥後守で削るといい匂いがしたことを覚えておられよう。日本産のイブキも同様に削りがあるのだが、量が少なかったようだ。シャープペンシル、ボールペンにとって代わられ鉛筆の出る幕は少ないが、今の鉛筆、削っても香りがしないことにお気づきだろうか。これは最近は東南アジアから輸入のキョウチクトウ科のクワガタノキ（ジュルトン）（Dyera costulata）の材などを

サポジラ（果物として食べる）

使っているからである。柔らかく削りやすいが香りはない。

　クワガタノキ（ジュルトン）は樹皮に傷をつけると乳液（ラテックス）がでてくる。これがチューインガムの原料だ。南アメリカからのアカテツ科のサポジラ（Achras zapota）などと同様、インドネシアやマレーシアからチューインガム原料として輸入されている。サポジラはタイでラムット、インドネシア・マレーシアでサウォ、チクと呼ばれる甘ったるい果物でもある。

　東福寺《とうふくじ》の仏殿と三門の間に開山聖一《しょういち》国師（円爾弁円《えんにべんえん》）が応永一二年（一四〇五）、中国より持ち帰ったといわれるイブキがある。『都名所図会』（安永九年・一七八〇）に「円柏の古樹は開山国師宋国より携え来る」と記されているものだ。現在、高さ一六・五メートル、周囲三・四メートルとされ、京都市指定天然記念物。大徳寺《だいとくじ》仏殿南庭のイブキ（白槇《びゃくしん》）も市指定天然記念物で、『東陽明朝語録』の中に文明一三年（一四八二）に一対植えたとの記録があるそうだ。妙顕寺《みょうけんじ》（四海唱導《しかいしょうどう》妙顕寺）のものは「区民の誇りの木」の指定を受け、これも大きい。『都名所図会』には南禅寺《なんぜんじ》山門に唐木の「白檀《びゃくだん》」二本と記されている。イブキを白檀と誤称して植えていたようである。かつては大きなイブキだったようだが、これらはすでに枯れ、現在は後継樹が植えられている。金地院《こんちいん》の鶴亀の庭の亀島のイブキは葉も少なく枯れそうであるが、樹齢七〇〇年だといい、庭園造成の際

東福寺のイブキ

大徳寺の白槇

に、古木をもってきたのだという。この他、六角堂（頂法寺《ちょうほうじ》）、伏見稲荷《ふしみいなり》大社参集殿、知恩院《ちおんいん》などに大きなものがある。山科・勧修寺《かじゅうじ》のハイビャクシン（var. procumbens）はイブキの変種である。

分布：本州（宮城県以南）・四国・九州・朝鮮・中国

エノキ（榎）　*Celtis sinensis*　ニレ科

都市部で普通にみられる落葉高木なら、まずニレ科のエノキかムクノキかケヤキだろう。エノキは夏に木陰を広げるので、榎の国字を使う。果実は六〜八ミリの球形、熟すと褐色〜赤褐色、齧るとニッケイに似た香りがあるが、種子は堅く、あまり食べるところはない。大木になるので一里塚に植えられた。その大樹には祠がつくられ、ときには小さな神社ができた。各地に榎稲荷、榎明神、榎弁天といった名が残されている。

エノキを「餌の木」ともいい、ヒヨドリ、メジロ、ムクドリなど野鳥が好んでこの実を食べて、分布を広げる。実際、社叢にはエノキの幼木が多い。また、エノキは「柄の木」として器具の柄にしたからとか、よく燃えるから「燃え木」といった説もあるし、「縁の木」とし良縁を結ぶともされる。

上賀茂御園橋から加茂川を見る

加茂街道には大きなエノキがつながる。私の好きな光景だ。エノキは途中でソメイヨシノに代わるが上賀茂《かみがも》神社から下鴨《しもがも》神社まで賀茂川の両岸に樹木がつながる。これが野鳥や昆虫にとっていい回廊になっている。エノキはわが国最大で、紫の幻色光の豪華な色彩をもち国蝶に指定されているオオムラサキ、黒地にやや黄味を帯びた白い紋の鮮やかなゴマダラチョウ、名の通り緋緘の鎧のように美しいヒオドシチョウ、そして頭の先端が突き出て天狗の鼻にも見えるテングチョウの四種もの蝶の食草(食樹)である。前者三種はいずれも大型だが、後者のテングチョウは小さく、水たまりで吸水して翅を閉じると見失ってしまう。

オオムラサキとゴマダラチョウは幼虫で冬を越す。晩秋、樹上から降りてきてエノキの根元に溜まる落ち葉にくっついて冬を越すのである。落ち葉をひっくり返すと、表側のやや反った葉の上にナメクジ型で背中に四対の突起のあるオオムラサキ、三対の突起のゴマダラチョウの幼虫をみつけることができる。とはいえ、かなり根気よくひっくり返さないといけないし、それもみつかるのはほとんどがゴマダラチョウの幼虫である。一方、ヒオドシチョウとテングチョウは成虫で冬を越し、春、新葉の展開を待ち、これに産卵する。賀茂川堤防、さらにはどこの社寺にもエノキの大木があるのだから、これらのチョウの生存は保証されているように思えるのだが、実は大きな問題がある。

加茂街道(北大路上ル付近)

オオムラサキ

ゴマダラチョウ

先に地表の落ち葉にくっついて越冬するといったが、賀茂川堤防でも社寺でもこの落ち葉を掃き、他へもっていってしまうという問題だ。樹上から降りてきて落ち葉の上で春を待っているのに、落ち葉ごと焼却されてしまうのである。落ち葉が貯まるのは当然のこと、それほど見苦しいとは思えない。根元に寄せておくなど、落ち葉掻きに一考をお願いしたいところだ。

昆虫でもう一つ付け加えないといけないことがある。日本で一番大きく緑色の金属光沢に紫色の太い筋の入った鞘翅《はね》をもつタマムシ（玉虫）（ヤマトタマムシ）のことである。法隆寺の玉虫厨子には五、三四八個体ものタマムシの鞘翅が貼り付けられているという。このタマムシの幼虫はエノキ、サクラ類などの古木の腐朽部にいる。成虫になるまでに三年かかるという。社寺にはエノキやサクラの古木・老木が多い。ここから羽化した成虫はエノキの葉を食べる。真夏、エノキの樹上を逆V字に鞘翅を広げキラキラ光りながら飛ぶ姿がみられる。上賀茂神社などでは確実にみられる。感激されること請け合いだが、やはり時期、時刻、天候が影響する。確実といったものの、運が良ければといい直そう。姿はよく似ているが赤銅色のものはタマムシの雌とまちがえられるが、別種のウバタマムシ（乳母玉虫）である。

武信稲荷《たけのぶいなり》神社の宮媛（姫）さんと呼ばれる大エノキは平重盛が安芸宮島から苗木を持ち帰り植えたとか、種子を播いたと伝えられ京都市指定天然

武信稲荷神社の宮媛（姫）

記念物である。「縁の木」として注連縄が張られ、良縁を求めて参詣者が来ている。御所の東側の梨木神社《なしのきじんじゃ》、千本釈迦堂《せんぼんしゃかどう》（大報恩寺《だいほうおんじ》）、大将軍《たいしょうぐん》神社、知恩院《ちおんいん》、平野《ひらの》神社、下鴨《しもがも》神社、城南宮《じょうなんぐう》、諸羽《もろは》神社、上賀茂《かみがも》神社などに大きなものがある。櫟谷七野《いちいだにななの》神社のものは伐られてしまった、

分布：本州・四国・九州・朝鮮・台湾・中国南部・ベトナム・タイ・ラオス

オオイタビ

Ficus pumila　クワ科

暖地にはえる常緑のつる性樹木、気根をだして樹木や岩を這い登る。葉は互生、長さ四〜九センチの楕円形、前縁、革質で光沢があり滑らか、裏面は灰白色。雌雄異株。イチジクの仲間なので樹皮に傷をつけると白い乳液がでる。雌果は直径三〜四センチの大きなもの、黒紫に熟しイチジクに似る。雌果は完熟するとまろやかな甘味があり、二つか四つに割ってフルーツサラダをつくるとおいしいという。

台湾のアイギョクシ（愛玉子オーギョーチ）（カンテンイタビ）（F. awkeotsang）は台湾固有種とも、またオオイタビの台湾変種（F. pumila var. awkeostsang）ともされるが、カンテンイタビの果実を裏返すとゴマ

オオイタビの果実

粒状の小さな種子が並ぶ。これを乾燥させ種子をとって水中でもみだし寒天状の清涼食をつくる。台湾で有名な愛玉子だ。台湾ではコンビニにも阿里山金桔檸檬愛玉とか中華甜愛玉といったブランドのものを売っている。レモンシロップをかけて食べる。日本のオオイタビでもできるはずだ。

金戒光明寺《こんかいこうみょうじ》本堂の左側に生け垣としてこのオオイタビがある。沖縄・奄美大島・屋久島などではよく見るが、京都ではあまり見ない。九月にはたくさんの黒紫の実がぶら下がっている。

分布：本州（千葉県以南）・四国・九州・沖縄・台湾・中国南部〜インドシナ

オガタマノキ（招魂・招霊）

Michelia compressa　モクレン科

常緑高木、葉は長楕円形、濃緑色で光沢がある。近畿では和歌山県南部の海岸沿いに分布するが、京都には自生しないので、市内のものはすべて植栽されたものである。オガタマは神霊を招魂（おきたま）からとされ、サカキとともに神事に用いる。三月末にはモクレンに似た白い小さな花をつける。モクレン科だけに花からは馥郁たる香りがただよう。大師香ともいうが、花の香りではなく、これは樹皮・葉に芳香があることによるとも

金戒光明寺のオオイタビ

クロセセリ（食草はミョウガなど）

いわれる。仮種皮に包まれる種子は赤い。

このオガタマノキはアオスジアゲハに似たミカドアゲハの食樹である。ミカドアゲハの分布は暖地に限られ、近畿では和歌山県の海岸沿いや三重県伊勢神宮などにいる。すなわち、食樹のオガタマノキがあるところに限られている。ここ一〇年の温暖化現象でナガサキアゲハ、クロセセリなど多くの南方系チョウ類の北上・分布拡大が報告されている。分布は九州南部以南といわれていたクロセセリも京都岩倉などではもう普通種になっている。より北、あるいはより内陸の神社にこのオガタマノキが植えられているのだから、ミカドアゲハが飛来しても食樹がある。鎮守の森がミカドアゲハの分布拡大に大きく寄与するのかも知れない。

滋賀県高島市の藤樹《とうじゅ》神社、亀岡市の出雲《いずも》大神宮にも老木がある。京都では蹴鞠《けまり》で知られる白峯《しらみね》神宮のものは京都市指定天然記念物、ここでは「小賀玉」としている。伏見稲荷《ふしみいなり》大社拝殿前の狛犬代わりのキツネのところにも一対ある。護王《ごおう》神社本殿前にも一対の大きなオガタマノキがあり、ここに「座立亥串《くらたていぐし》」を立てる。下御霊《しもごりょう》神社のものは区民の誇りの木の指定、天道《てんどう》神社のものも大きいが、隣のクスノキに圧され元気がない。大将軍《たいしょうぐん》八《はち》神社のものも大きい。

この他、櫟谷七野《いちいだにななの》神社、狛《こま》ウサギのある岡崎《おかざき》神社、狛ネズミのある大《おお》豊《とよ》神社、下鴨《しもがも》神社、北野《きたの》天満宮、菅大臣《かんだいじん》神社、首途《かどで》八幡宮、霊光殿《れいこうでん》天満

オガタマノキの花

宮、文子《あやこ》天満宮、松尾《まつお》大社、上桂・御霊《ごりょう》神社、大原野《おおはらの》神社、斉明《さいめい》（明《みょう》神《じん》）神社、山科音羽・若宮《わかみや》八幡宮、新日吉《いまひえ》神社、城南宮《じょうなんぐう》、御香宮《ごこうのみや》神社本殿脇などにもある。神社に多いものだが、霊鑑寺《れいかんじ》、東寺《とうじ》の塔頭観智院《かんちいん》、妙顕寺《みょうけんじ》、聖護院《しょうごいん》御殿荘などにも大きなものがある。

一円玉（一円硬貨）の表の若木のデザインはオガタマノキだという話『京都祭りと花』（廣江美之助）があるが、これは京都府在住の中村雅美さんのデザインで、とくにモデルの樹種はない、それだけにどの木にも通じるものだとされている。オガタマノキではないそうだ。なお、一円玉の直径は二センチある。もっと小さなものだと思っておられよう。

トウオガタマ（カラタネオガタマ）（M. fuscata）は中国原産の常緑低木で含笑樹、含笑花と呼ばれているが、江戸時代中期にはすでに渡来していたとされる。五月初めに咲く花はバナナあるいはバニラに似た強い香りがする。それも朝は匂わず午後になって匂う。ところが、枝を切って花瓶に挿してもすぐに落ちて匂わなくなる。一般家庭の庭によく植えられ、また神社にも植えられていることがある。

これは白峯《しらみね》神宮、御霊《ごりょう》神社（上《かみ》御霊神社）、菅大臣《かんだいじん》神社、半木《なからぎ》神社などにある。三宮《さんのみや》神社でオガタマノキとされているものも、このトウオガタマの方である。

分布：本州（関東以西）・四国・九州の太平洋岸、沖縄に限って分布する。

トウオガタマの花

白峯神宮の「小賀玉」

カイノキ（カイジュ　楷樹）（ランシンボク　爛心木）

Pistacia chinensis　ウルシ科

中国原産の落葉高木、雌雄異株、細長い小葉の羽状複葉、多くは偶数だが奇数のこともある。新葉や紅葉が美しい。葉が直角に分かれること、小葉が揃っていることから楷書にちなみ楷樹といったという。ナンバンハゼ、クシノキといった和名も使われている。

儒学の祖孔子（紀元前五五二〜四七九）は山東省曲阜《きょくふ》の泗水《しすい》のほとりに埋葬され、そこにこのカイノキが植えられた。さらには、科挙の合格者にこのカイノキでつくった笏を与えたことから、中国では各地にある孔子廟にこのカイノキが植えられている。

日本では岡山藩主池田光政公が創設した備前市・閑谷《しずたに》学校聖廟の両側にあるものが有名だが、これは初代林業試験場長白沢保美博士が大正四年（一九一五）、中国・曲阜の孔子廟で種子を採取し、その稚苗を孔子や儒学にかかわりのある学校（湯島聖堂、足利学校、閑谷学校、多久聖廟など）に寄贈されたものだという。京都ではまだ小さいが上御霊《かみごりょう》神社に二本植えられている。錦林小学校にも大きなものが一本あるが、ラベルもついていない。ナッツの一つピスタチオ（Pistacia vera）と同属で、ピスタチオはヨーロッパ南部やアメリカの温暖地で栽培される。

カイノキの葉

カイノキ（閑谷学校）

カエデ（楓）類

Acer spp.　カエデ科

イロハモミジ（イロハカエデ・タカオモミジ・タカオカエデ）（Acer palmatum）

カエデとは「蛙の手」の意、すなわち、葉が深く五~七裂することによる。イロハモミジは京都・高雄に多いので、タカオモミジ（タカオカエデ・高雄楓）の名がある。落葉の高木、紅葉が美しくモミジの代表、園芸品種も多い。

古知谷・阿弥陀寺《あみだでら》の「古知谷のイロハモミジ（タカオモミジ）」は樹齢八〇〇年とされ京都市指定天然記念物、本堂前にも大きなものがある。高尾・神護寺《じんごじ》、清水寺《きよみずでら》、永観堂《えいかんどう》（禅林寺《ぜんりんじ》）、東福寺《とうふくじ》、鷺森《さぎのもり》神社、今熊野観音《いまくまのかんのん》寺、善峯寺《よしみねでら》、山科・毘沙門堂《びしゃもんどう》などモミジの名所はたくさんある。永観堂には「連理のカエデ（イロハモミジ）」がある。京都の紅葉の名所案内には水野克比古『京都紅葉名所』（京都書院）がお奨めだ。

トウカエデ（A. buergerianum）は中国原産の落葉高木で、紅葉がきれいだ。東福寺《とうふくじ》通天橋に開祖聖一《しょういち》国師が鎌倉時代に宋から持ち帰ったと伝えられるトウカエデの大きなものがあるし、一七二一年に長崎に入ったものが最初ともされる。今宮《いまみや》神社にも大きなものがある。そのトウカエデも

イロハモミジ（古知谷・阿弥陀寺）

東福寺通天橋の紅葉

現在ではもっともたくさん植えられている街路樹の一つになっている。

メグスリノキ（*A. nikoense*＝*A. maximowiczianum*）は小葉三枚の複葉、雌雄異株、若い枝には軟毛が密生、翼果は長さ四～五センチと大きい。樹皮や葉を煎じて洗眼に使ったことからこの名がある。メグスリノキのチップが洗眼用として売られている。貴船《きぶね》から鞍馬山《くらまやま》西門を通って奥の院魔王殿への登り口に大きなメグスリノキが何本かある。

カエデといっても、このメグスリノキ、チドリノキ、ヒトツバカエデなどは葉をみただけではとてもカエデ類とはとても思えない。カエデ特有の翼果（プロペラ果）がついていることで、やっとカエデの仲間だと納得できる。

分布：イロハモミジ　本州（福島以西）・四国・九州・朝鮮・台湾・中国
メグスリノキ　本州・四国・九州

永観堂の連理のカエデ

カギカズラ（鈎蔓）

Uncaria rhynchophylla　アカネ科

常緑の南方系のつる性木本、つるは長く伸び、太さも直径一〇センチにもなる。葉は対生で羽状複葉、小葉は卵形、裏面は白い。葉腋に下向き出

醍醐山のカギカズラ

る湾曲した鉤（鉤刺）によって他の樹木にからみつき登っていく。時には、樹木の樹冠の上に広がる。おもしろいことに、鉤は二つ、一つと交互にでる。花は黄色で花冠は筒状である。鉤にはリンコフィリンというアルカロイドを含み、鎮静・鎮痛などに使われる。

「神は松の尾」と『枕草子』にある松尾《まつお》大社境内に自生し、ここが自生の北限だとされ京都市指定天然記念物。向かって左、本殿の後ろにたくさんのつるがからまったものがみえる。京都府の絶滅危惧種。上醍醐《かみだいご》の開山堂への参詣道の檜山を過ぎたあたりにある大きなものは樹木を伝わり、参詣道の上を越え山側へ伸びている。しかし、このあたりだけで他には出てこない。邪魔になったのか、伐られたものもある。これがカギカズラだとラベルが欲しいところだ。

分布：本州（千葉以南）・四国・九州・中国

カゴノキ（カゴ）（鹿子木）

Litsea coreana　クスノキ科

暖地にある常緑高木、雌雄異株、葉は互生、革質で長楕円形、表面は滑らかで裏面は白い。和名は灰白色の樹皮が斑紋状にはがれ、それが鹿の子

カギカズラの花

模様に似ていることによる。この特徴のある樹皮ですぐにカゴノキだとわかる。果実は約一センチの球形、冬を越し翌年の夏に赤くなる。

鞍馬山・由岐《ゆき》神社のカゴノキは京都市指定天然記念物だが、樹幹にマメズタやテイカカズラが巻きつき樹皮の鹿の子模様が見えない。山科小野・随心院《ずいしんいん》の小野小町が、深草少将をはじめいいよるたくさんの男からもらった文を埋めたと伝えられる文塚のそば、上醍醐《かみだいご》開山堂への参詣道の不動の滝、京都府立植物園内の半木《なからぎ》神社、上賀茂《かみがも》神社、金攫《きんかく》八幡宮、下桂・御《ご》霊《りょう》神社、上桂・御霊神社などにもある。

分布：本州（千葉以西）・四国・九州・沖縄・台湾・朝鮮

随心院のカゴノキ

カツラ（桂）

Cercidiphyllum japonicum　カツラ科

温帯林のそれも渓流沿いにみられる落葉高木。雌雄異株。葉は対生、長さ三〜七センチの心臓形、裏面は粉をふいたように白い。幹は直立し、たくさんの枝を地際からだす。樹皮は灰色を帯びる。普通の樹木のように、同心状に太らないで、まわりからたくさんの萌芽状の枝をだし、生長するに従い、それらを巻き込みながら大きくなる。伐ってみれば、渦巻きがあ

法輪寺のカツラ

ちこちにあるということだ。それだけに案外早く大きくなる。

　カツラの語源は「香連」だとされる。カツラの材がいい香りをだすとしたものがあるが、材には香りはない。秋、地表に落ちた葉からいい香りがただようことに由来するのだろう。カラメル、バニラとか、醤油煎餅のようとかいった表現がでたが、匂わないという人もいる。この成分はマルトールとされ、食品にも添加される。なお、桂は中国ではニッケイ(肉桂)を示すとされる。

　カツラといえば葵祭の行列につけられる葉。もともとはフタバアオイを使っていたが、フタバアオイが少なくなったので、葉の形がよく似ているカツラの葉を代用するようになったのだともいう。江戸時代の絵巻にもすでにカツラが描かれているので、かなり古くからカツラの葉も使われたようだ。上賀茂神社では葵祭などにはサカキに代えて、このカツラの枝に二枚のフタバアオイの葉をつけて神前に捧げる。下鴨神社では表参道わきや葵の庭にカツラを植えていて、上賀茂神社ではフタバアオイを植えている。

　温帯のそれも谷沿いの樹木だけに、市内でみることは少ない。貴船《きふね》神社奥宮の「貴船のカツラ」は京都市指定天然記念物、近くに大きなトチノキもある。貴船神社拝殿横と中宮結社に神木のカツラがある。どちらにも注連縄が巻いてある。「十三参り」で知られる嵐山・法輪寺《ほうりんじ》のカツラは大きい、これが市内最大であろう。ここには「うるしの碑」がある。惟喬《これたか》親王がこ

山科音羽・若宮八幡宮のカツラ

カツラとフタバアオイ
(上賀茂神社・葵祭)

の寺に参籠し本尊より漆の製法と漆塗りの技法を伝授されたとされる。山科音羽・若宮《わかみや》八幡宮には区民の誇りの木に指定されたものがある。梨木《なしのき》神社（萩の宮）のカツラは神木「愛の木」とされ、近くにたくさんの実生がはえている。大原・三千院《さんぜんいん》門前にかつては大きなものがあったそうだが枯れ、現在、後継樹が植えられている。大原・来迎院《らいごういん》門前にもある。延暦《えんりやく》寺《じ》根本中堂《こんぽんちゅうどう》前にはシダレカツラがある。なお、「京都市の木」はカツラ、シダレヤナギ、イロハモミジ（タカオモミジ）の三種である。

分布：北海道・本州・四国・九州

カヤ（栢・榧）

Torreya nucifera　イチイ科

常緑の高木、雌雄異株、葉は線状披針形で先は鋭く尖る。針葉樹の中でも刺さると最も痛いものだ。種子は仮種皮に覆われているが、熟すと簡単にとりだせる。種子は炒って食べる。香ばしくおいしい。油はてんぷら油として最高だともいう。滋賀県湖北地方ではカヤの実をバイと呼び「米一升、バイ一升」といって、大事にしたという。

種子に大きく縦に旋回する溝のあるヒダリマキガヤ、種子が小さいコツ

カヤの実

カヤの針葉

ブガヤ、皮が剥がれやすいシブナシガヤ（ハダカガヤ）などの変種がある。種子の上部に一対の小さな穴があいている。材はきれいな杢目をもち、カヤの大径木からつくる碁盤や将棋盤はきわめて高価だ。チャボガヤは日本海側など積雪地に分布する変種で、せいぜい数メートルの高さにしかならない。京都・北山にはこのチャボガヤが分布する。

小野小町にいいよる男はたくさんいたが、小町は誰にもなびく気配をみせなかった。深草の少将もその一人であったが、あまりにも熱心だったので、「百夜通ったら思いをかなえてあげよう」と、心にもないことをいった。真に受けた少将、毎夜、深草から通ったが九十九夜目に発病して突然亡くなった。少将の通った日数をカヤの実に糸に通して数えていた小町は少将を哀れんで、そのカヤの実を通い道に播いた。そのいくつかが今になっても残っているという。実際、山科・小野には小野小町ゆかりの随心院《ずいしんいん》の仁海僧正供養塔の後ろにカヤがあるほか、善願寺《ぜんがんじ》（腹帯地蔵）、山科・西浦の「小町カヤ」などカヤが多い。御香宮《ごこうのみや》神社の参道のクロマツの中に一本、大原・江文《えぶみ》神社御旅所にもある。鞍馬から貴船への木の芽道の奥の院魔王殿から西門のモミ・ツガ天然林の中にも大きなものがある。

天寧寺《ていねいじ》のカヤは京都市指定天然記念物、さすがに大きく、落雷の痕や天明大火の傷跡が残っている。京北の正法寺《しょうほうじ》のものは京都市指定保存木である。八幡市の石清水八幡宮唐門前にもある。

天寧寺のカヤ

正法寺のカヤ

舞鶴市の金剛院《こんごういん》に高岳《たかおか》親王お手植えとされる「千年榧」という舞鶴市の指定天然記念物に指定されたものがある。お守りとしてこのカヤの実が一対入ったものを授けてくれる。

分布：本州（宮城県以西）・四国・九州・屋久島・朝鮮

カリン（花梨）

Chanomeles sinensis = *Pseudpcydonia sinensis*　バラ科

中国原産だが、平安時代には渡来していたとも、もっと遅く江戸時代の渡来だともいう。落葉性の中高木で、樹皮が大きく鱗状に剥げきれいな斑紋がでる。葉は互生、花は淡紅色できれい。果実はナシ状果、長さ一〇～一五センチ、果皮は艶があり、滑らか。堅く酸っぱいが輪切りにし、煎じて喉の薬にしたり、果実を部屋に置いて香りを楽しむ。

似たものにマルメロ（*Cydonia oblonga*）がある。こちらは中央アジア原産で一六三四年に長崎に渡来したという。現在では長野県諏訪地方の特産で果実はカリンに似ているが、それほど堅くなく小さいときは産毛がある。シロップ漬けやジャムにする。中仙道を諏訪から和田峠を越えた和田宿から長門宿までの国道を「マルメロ街道」といい、両側にマルメロがずっ

カリンの果実

と植っている。諏訪湖の間欠泉近くにも植えられている。

マメ科にも花梨と呼ばれるものがある。東南アジア産の紅木の仲間、ビルマカリン、コウキカリンなどであるが、同属でもインドシタンなど紫檀と呼ばれるものもある。いずれも、高級家具などに加工される有用材である。

和気清麻呂公と姉広虫を祭神とし、狛犬でなく狛イノシシのある護王《ごおう》神社はもともと神護寺《じんごじ》境内にあったそうだが、明治一九年（一八八六）現在地に移ったとされる。ここに幹周一・六メートルの大きなカリンがあり、区民の誇りの木に指定され、吉井勇の「風なきに実またほろと落つかくて極まる庭のしづけさ」の歌碑がある。カリンの水飴、あめ湯、せんべいなどが売られ、たくさんのイノシシ・グッズが並べられている。下鴨《しもがも》神社境内河合《かわい》神社にもカリンがあり、ここでは「かりん美人水」が売られている。元祇園梛《なぎ》神社、善峯寺《よしみねでら》にもある。洛東・須賀《すが》（交通）神社のカリンは根元は大きいが、キササゲに負けている。

護王神社のカリンと吉井勇の歌碑

キハダ（黄檗・黄肌）

Phellodendron amurense　ミカン科

落葉の高木、雌雄異株、羽状複葉で対生。葉柄が赤くハゼノキと似ていて一見かぶれそうだが、心配はいらない。樹皮には厚いコルク層が発達する。黄緑色の細かい花を六月頃つけ、秋に黒い実が熟す。内樹皮は鮮やかな黄色で「黄檗」と呼ばれる。

黄檗の主成分はベルベリンで健胃整腸作用がある。奈良・大峰山の「陀《だ》羅《ら》尼《に》助《すけ》丸《がん》」はこのキハダから抽出したベルベリンにゲンノショウコ、ガジュツのエキスを加えたものである。いくつかの有名ブランドがあるが、現在では天川《てんかわ》村洞川《どろかわ》で共同生産されている。黄色の染料・食品着色料としても使う。

中国から渡来した隠元《いんげん》禅師が開いた宇治・黄檗《おうばく》宗萬福寺《まんぷくじ》にはたくさん植えられているのかと思ったが、宇治市名木百選の老木が一本あるだけだった。しかし、ほとんど枯れかけで、わずかの葉がついていた。このキハダは『京滋植物風土記』(京都新聞社・一九七四)によれば、日本産でないという。大正末期、山本悦心和尚が中国黄檗山から種子を取り寄せ発芽させ、その苗木を植えたものだという。境内の黄檗文華殿前にも数本のキハダが植えられている。

分布：北海道・本州・四国・九州・朝鮮・中国・アムール・ウスリー

陀羅尼助丸

キハダの果実

クスノキ（クス　楠・樟）

Cinnamomum camphora　クスノキ科

スギとヒノキの区別ができない人でも、クスノキは知っていよう。常緑の高木で、枝が広く張りだし、大きな樹冠を形成する。葉は長さ六センチくらい、光沢があり、三脈がはっきりした三交脈、芳香がある。葉がよく茂り病虫害も少ないことから、社寺に、また街路樹としても植栽される。樹皮は灰褐色で細かく縦に裂けている。四～五月に古い葉を一斉に落し、夏衣装に衣替えする。長い柄の先に小さな白い花をつけ、十一月頃、直径八ミリくらいの球形の黒い実をたくさんつける。おいしそうにはみえないが、野鳥が啄みに来る。クスノキのある社寺ではいつもヒヨドリが騒いでいる。

福岡県の立花山はクスノキが優占し、クスノキ原始林として一九二八年に国指定天然記念物、一九五六年には特別天然記念物に指定されている。また、日本最大の樹木は鹿児島県始良《あいら》市蒲生・八幡神社のクスノキだし、環境庁の巨樹・巨木調査でも、ベストテンはエドヒガンの一本を除いてほかはすべてクスノキである。さらには、古く『魏志倭人伝』や『古事記』・『日本書紀』にも記され、飛鳥時代の古い仏像もクスノキで作られている。

これだけどこにもあるクスノキだが、クスノキの優占する天然林がない

日本最大の樹木、鹿児島蒲生・八幡神社の大楠

ことなどから、クスノキ自体を外来樹種と考える研究者もいるらしい。立花山も起源は植栽と考えられている。実際、照葉樹林の深い山中にクスノキはみない。いずれも人里近いところだ。しかし、兵庫県で弥生時代の遺跡からクスノキの大木が発掘されたともされ、自生していたのではともいわれる。ともかく、照葉樹林でもシイ・カシ類のような主要構成樹種にはならないことは確かなことのようだ。

葉や材にカンフルやサフロールなどの精油を含み、いい香りがする。材から樟脳をとり防虫剤とし、精製されたものがカンフルで強心剤とした。この樟脳採取目的で暖地の各地にクスノキが植栽されたが、現在ではこれは合成できるので、植林することはほとんどない。家具、工芸品、彫刻材として利用する。奈良の一刀彫もクスノキだ。

アゲハチョウ科のアオスジアゲハは薄緑色の帯状斑が前翅・後翅を貫き、敏捷に飛翔し、また地表で吸水する。市街地でも見られるごく普通のチョウであるが、これもこのチョウの食草（食樹）がクスノキ、シロダモ、タブノキなどクスノキ科の樹木だからである。クスノキはどこの社寺にもあるし、街路樹としても植えられている。冬は蛹で越す。

先に述べたように、わが国最大のクスノキは鹿児島蒲生・八幡神社の大楠とされ、樹齢一千年、樹高三〇メートル、幹周り二四メートルとされる。二位も熱海・来宮《きのみや》神社の大楠で幹周り二三・九メートルで、ともに国

青蓮院のクスノキ

新熊野神社

指定天然記念物である。東山・粟田口の青蓮院《しょうれんいん》（粟田御所）築地の上にある四本の大木はどれも高さ二〇メートル、幹周りは六メートルとされ、横に大きく枝を伸ばしている。これは親鸞聖人お手植えともされている。新熊野《いまくまの》神社（梛《なぎ》の宮《みや》）は後白河上皇が熊野詣を京の地でできるようにと永暦元年（一一六〇）、平清盛に命じて造営、ここに熊野から運ばれたクスノキをお手植えされたという。高さ二四メートル、幹周り六・九メートルで、東大路通にも枝を張りだし、その大きさがわかる。確かに大きい。両方とも、京都市指定天然記念物である。京都市外ではあるが八幡市・石清《いわし》水《みず》八幡宮の大きなクスノキは楠木正成が後醍醐天皇を護り挙兵した元徳二年（一三三〇）、あるいは建武元年（一三三四）に植えたとされる。

　京都御苑内の宗像《むなかた》神社の三幹のクスノキは樹齢六〇〇年とされ、樹洞にアオバズクが営巣することが知られ、京都の自然二〇〇選に選ばれている。アオバズクは青葉の繁るころ、夏鳥として渡ってくる。夜、ホッホー、ホーホーと鳴く。ハトよりやや大きいミミズクの仲間だが、耳（耳羽）はない。このアオバズクの生存にも樹洞のある大木、エサの昆虫を探せるある程度の広さの森がいる。夜、あたりが静かになると、このアオバズクやフクロウの声が聞こえたものだが、街中に住んでいる人たちはもうこの声を聴いてはいないだろう。社寺の森がなくなり、営巣できる樹洞のある大木が少ないのである。高層ビルに囲まれた生け花発祥の地とされる

宗像神社、三幹のクスノキ

六角堂、クスノキ樹上のフクロウ

六角堂《ろっかくどう》（頂法寺《ちょうほうじ》）のクスノキの樹上には金属製のミミズクがとまっている。フクロウとされているが、耳が長くはっきりしているので、アオバズクでなく中型のトラフズクのイメージだった。

西大路八条にある若一《わかいち》神社は仁安元年（一一六六）、平清盛公創建とされ清盛お手植えというクスノキがある。伸びた枝は西大路通の中央分離帯の上まで達している。西大路通はこのクスノキを避けて大きく曲がる。清盛の威光より、やはりこの大きなクスノキの威光であったのであろう。この他、八坂《やさか》神社、平野《ひらの》神社、上御霊《かみごりょう》神社、上賀茂《かみがも》神社藤木社《ふじのきのやしろ》（市指定保存木）、北野《きたの》天満宮、興正寺《こうしょうじ》、東寺《とうじ》弁財天、太秦・広隆寺《こうりゅうじ》、山科・音《おと》羽若宮《わかみや》八幡宮、天道《てんどう》神社、南区久世の菱妻《ひしづま》神社や羽束師《はつかし》神社、大覚寺《だいかくじ》、下《しも》桂《かつら》・御霊《ごりょう》神社（区民の誇りの木）、三宮《さんのみや》神社、上桂・御霊神社（市指定保存木）、藤森《ふじのもり》神社参道など、各社寺に大きなクスノキがある。

分布：本州（関東以西）・四国・九州・済州島・中国南部・ベトナム

クロガネモチ

Ilex rotunda　モチノキ科

常緑の高木、雌雄異株。伏見区鷹匠町の金札宮《きんさつぐう》拝殿前のクロガネモチの

若一神社のクスノキ

金札宮のクロガネモチ

大木は『山城名跡巡行志第五《やましろめいせきじゅんこうし》』（宝暦四年・一七五四）にも記載があるというもので、樹齢一千年を越すとされ、京都市指定天然記念物。果実は長さ五～八ミリ、冬に赤く熟す。これは雌株で、たくさんついた赤い実が花のようにきれいである。四月初めまで楽しめる。境内の公岡稲荷《きみおかいなり》大明神近くに雄木らしいものがある。東寺《とうじ》（教王護国寺《きょうおうごこくじ》）の南大門前、九条通に街路樹としてクロガネモチが植えられている。まだ若いが雌木が多いようで、すでにたくさんの実をつけている。宮本武蔵の「鷲の図」と「竹林図」、中国・長安の青龍寺《せいりゅうじ》から請来の五大虚空蔵菩薩像のある東寺の塔頭観智《かんち》院《いん》や仏光寺《ぶっこうじ》などにもある。

この他、北区・平野《ひらの》神社近くの金攫《きんかく》八幡宮のものもすばらしい、ここでは「黄金モチの木」としている。浄福寺《じょうふくじ》護法大権現のクロガネモチは天明の大火の際、鞍馬の天狗が舞い下りて、この神木の上から大きなうちわで扇《あお》ぎ門前で鎮火させたとされ、「ミズモチ」の名をもつ、背は低いものの京都最大であろう。雄木である。満足稲荷《まんぞくいなり》神社のものは市指定保存木で、一本の大きな幹から八本に枝分かれしている。一六九三年、伏見城から移植され、樹齢四〇〇年とされる雌木で、東大路通からもよくみえる。

八大《はちだい》神社鳥居前、櫟谷七野《いちいだにななの》神社、白峯《しらみね》神宮、西園寺《さいおんじ》、護王《ごおう》神社と同じ狛イノシシのある建仁寺《けんにんじ》の塔頭で摩利支天の禅居庵《ぜんきょあん》、檀王法林寺《だんのうほうりんじ》（区民の誇りの木）、金地院《こんちいん》、霊光殿《れいこうでん》天満宮、藤森《ふじのもり》神社、千本釈迦堂《せんぼんしゃかどう》（大報恩寺《だいほうおんじ》）、

浄福寺の火伏の「ミズモチ」

満足稲荷神社のクロガネモチ

梅宮《うめのみや》大社、大原野の大歳《おおとし》神社、宇治黄檗《おうばく》の萬福寺《まんぷくじ》などにも大きなものがある。

分布：本州（茨城・福井以西）・四国・九州・沖縄・朝鮮・台湾・中国・インドシナ

クロマツ（黒松）（オマツ　雄松）

Pinus thumbergii　マツ科

常緑の針葉樹高木。海岸沿いに多い。葉はアカマツより濃い緑色で遠くから見るとより黒くみえる。樹皮は暗褐色で亀甲状の深い割れ目ができる。琵琶湖も湖岸はクロマツである。社寺に植えられているのは主としてこのクロマツ、能舞台に描かれているのもクロマツである。

一乗寺下《さが》り松は宮本武蔵が吉岡一門数十人と決闘をしたところとして有名である。ここの八大《はちだい》神社の決闘跡にクロマツがあるが、現在のものは四代目とされる。もちろん、そんなに大きくない。もともとあったマツなら多分アカマツだったのだろう。「下り松」というのは枝が下に垂れていたということだから、アカマツの方だったと思う。しかし、このあたりには一乗寺というお寺もあったらしいから、あるいは植栽のクロマツだったのかも知れない。実際に決闘を見下ろしていたというマツの古い株が八大神

一乗寺下り松のクロマツ

金戒光明寺の「鎧かけ松」

社に保存されているが、にわかにはアカマツかクロマツの判断はできなかった。

金戒光明寺《こんかいこうみょうじ》（黒谷さん）の「熊谷次郎直実鎧《よろい》かけ松」は源平の戦のあと、直実が鎧をこの池の水で洗い、このクロマツに掛けたとされ、現在のものは二代目とされている。横に大きく枝を伸ばしている。京都市の指定保存木である。本隆寺《ほんりゅうじ》の「夜泣止の松」はこの葉をふとんの下に敷いておくと子供の夜泣きがなくなるとされる。クロマツであるが大きくはない。百万遍《ひゃくまんべん》近くにある百丸《ひゃくまる》大明神にあるクロマツは二葉の中に三葉が混じる。珍しいものだ。北野《きたの》天満宮、醍醐寺《だいごじ》総門前、御香宮《ごこうのみや》神社参道、百萬遍知恩寺《ちおんじ》、大覚寺《だいかくじ》唐門などにクロマツの並木やクロマツの大木がある。宇治黄檗の萬福寺《まんぷくじ》境内ではアカマツとクロマツが混っている。

冬になると、クロマツやアカマツの樹幹をこも（菰）で巻く。冬の風物詩として新聞やテレビで報道されるものだ。以前にくらべずっと少なくなったが、御所や二条城などでは今でもこれを続けている。これはマツの葉を食べる毛虫マツケムシ（マツカレハの幼虫）が冬、樹上から降りてくるのを、このこもの中で冬越しするように誘う仕掛けである。春先、こもからでて樹上に登る前に、これを焼いて殺したのである。時期を過ぎて毛虫が樹上に戻ってからでは遅すぎる。

しかし、最近はこのマツケムシが全くといっていいほどいない。こもを

百丸大明神のクロマツ

百萬遍知恩寺のクロマツ

巻く必要がないのである。こもを巻けばここにクモ、ヤスデ、ハサミムシ、テントウムシ、カメムシなどが入ってくるが、マツにとっては有害なものではない。逆に、いろんな虫がいてくれることで、特定の害虫の発生を抑えてくれている。マツケムシの入っていないこもを焼いているということだ。これではすべての昆虫が焼き殺されてしまう。

京都では東山、衣笠、嵯峨野など三方を取り囲む山麓でキマダラルリツバメを案外簡単にみることができる。後ろ翅に特徴のある二対の長い尾状の突起をもち、表は紫色の金属光沢、裏面は和名の通り黄色に黒いまだら模様のあるきれいな小さなチョウである。本州各地に分布するものの産地はいずれも局地的で、きわめて珍しいとされ、疏水（哲学の道）が「キマダラルリツバメ、ゲンジボタルの生息地」として京都の自然二〇〇選に選ばれている。

実はこのチョウの幼虫はサクラ類、クロマツ・アカマツなどの老木に巣をつくるアシブトシリアゲアリなどのアリの巣に運ばれ、アリから口移しに食べものをもらい、アリは幼虫のだす蜜をなめるという共生関係にある。しかし、食べものが足りない時はどうも幼虫を食べることもあるようだ。キマダラルリツバメの幼虫もアリに守られ食べものを保証された気楽な毎日か、いつ食べられるか気にしながらの恐ろしい毎日か、どちらなのだろうと思ってしまう。

クロマツの樹幹に菰が巻いてある
（醍醐寺総門前）

キマダラルリツバメ

それはともかく、このチョウがいるのは山麓にサクラやマツの古木・老木のある社寺が並び、そこにアリが巣をつくっているからである。成虫はヒメジオン（ヒメジョオン）などの花に吸蜜にやってくる。

上賀茂《かみがも》神社本殿前に一対の円錐形の白い砂盛りがある。これを「立砂」（盛砂）というようだが、この尖った先に松葉が挿してある。神が降臨するための目印なのだが、向かって左は三葉のマツ、右には二葉のマツ葉が挿してあった。この三葉のマツは明らかに境内にある外国産のテーダマツであった。

分布：本州・四国・九州（トカラまで）・朝鮮

上賀茂神社の立砂
（尖った先に松葉が挿してある）

ケヤキ（欅）（ツキ　槻）

Zelkova serrata　ニレ科

ケヤキは自然には河辺にある樹木だが、都市市内の社寺境内にも多い。落葉の高木で、幹は直立し、枝を傘のように、あるいはほうき（箒）のように広げる。材は堅く狂いがないので社寺の建築、細工物に用いる。東《ひがし》本願寺《ほんがんじ》、西本願寺《にしほんがんじ》、清水寺《きよみずでら》の舞台、延暦寺《えんりゃくじ》根本中堂などもケヤキ造りだという。

北野天満宮御土居の「東風」

ケヤキは街路樹としてもクスノキ、サクラ類に次いでよく植えられている。白川通（宝池～今出川）、北大路以北の堀川通り、府庁前（釜座《かまんざ》通）、府立京都植物園正門入口などに、すばらしいケヤキ並木がある。

京都ではどこのケヤキが一番大きいのだろう。北野《きたの》天満宮御土居の「東《こ》風《ち》」、三千院《さんぜんいん》、八瀬・江文《えぶみ》神社御旅所のものが単独で立っているせいもあるのだろうが、大きいと思った。三千院門前茅穂《ちほ》橋のたもと、藤森《ふじのもり》神社の狛犬横、貴船《きふね》神社鳥居わきなどのものも大きい。宇治の興聖寺《こうしょうじ》、下鴨《しもがも》神社、上御霊《かみごりょう》神社、東寺《とうじ》金堂前、浄福寺《じょうふくじ》、東本願寺《ひがしほんがんじ》阿弥陀堂前、松尾三宮社（松尾大社境外末社）などにもある。

大宮の森の中心だったという大宮の森・久我《くが》神社のご神木であったケヤキは枯死し、切り株が残されているが、これはさすがに大きかったようだ。

分布：本州・四国・九州・朝鮮・台湾・中国

コウヤマキ（高野槙）（ホンマキ　本槙）

Sciadopitys verticullata　コウヤマキ科

日本にだけ分布する一科一属一種の珍しい樹木だが、化石はヨーロッパ、北アメリカなどでも発見されている。マキ、ホンマキ、クサマキなど

江文神社御旅所のケヤキ

東本願寺阿弥陀堂前のケヤキ

とも呼ばれ、古語にいうマキ（槇）はイヌマキでなくこのコウヤマキを指すようだ。紀州・高野山に多いことから高野槇と呼ばれる。ツンベルグ（Thumberg）の『日本植物誌』（一七八四）でTaxus verticillataとして新種記載されたが、のちにシーボルト（Philip Franz von Siebold）が持ち帰った標本で新属（Sciadopitys）（『日本植物誌』一八三五）がつくられ、ここに移された。常緑の高木で高さ三〇～四〇メートル、直径一メートルにもなり、樹皮は赤褐色で繊維状に長く剥離する。短枝に輪状に二つの針葉が癒着した葉がつく。球果は卵状楕円形、直径五センチで、四月に開花する。

東京の明治神宮の森を造成した東京帝国大学農学部教授だった本多静六はアロウカリア（ナンヨウスギ）、ヒマラヤシーダーとともに、このコウヤマキを世界三大公園樹の一つとしている。

本種は本州（北限は福島・新潟、木曽・南アルプス）、紀伊半島（高野山・大塔山《おおとう》）、四国（魚梁瀬《やなぜ》・四万十《しまんと》川・不入山《いらず》）、九州（宮崎椎葉《しいば》）に隔離分布するとされてきたが、島根県吉賀《よしか》町にもあるというし、済州島にも分布するようだ。木曽五木（ヒノキ、サワラ、アスナロ（ヒバ・アテ）、コウヤマキ、ネズコ（クロベ））、高野六木（ヒノキ、サワラ、モミ、ツガ、アカマツ、コウヤマキ）の一つである。京都には天然分布はない。

材は耐久性・耐水性に優れ、風呂桶、流し板などとしての利用がある。樹皮は槇肌（まいはだ）と呼ばれ、舟や桶の継ぎ目に詰めて水漏れを防ぐ

コウヤマキの球果

のに使ったという。

『日本書紀』に素戔嗚尊《すさのおのみこと》が髭を抜いてぷっと吹くと杉に、次に胸毛を抜いて吹くと檜に、そして尻毛を抜いて吹くと槙（柀）に、眉毛を抜くと楠になった、その使途を杉と楠は船材、檜は宮殿の建築材、槙は棺桶材にするよう示されたとされている。先に述べたようにコウヤマキの分布は限られているのだが、実際に古代の棺桶にはコウヤマキが使われているそうである。棺材とするため神社には植えないとされているが、日光東照宮などではコウヤマキが神木になっている。

高野山では高野六木を留木として寺院の補修用材以外は禁伐にしたため、コウヤマキの美林が成立したとされる。現在でも、コウヤマキ植物群落保護林として約三〇ヘクタールの素晴らしい純林が国有林内に残されている。さすがに、高野山ではこのコウヤマキの葉の束が売られ、シキミの代わりにコウヤマキを捧げる。ところが、京都にある真言宗総本山の東寺（教王護国寺）には小子房《こしぼう》の庭園に一本と大師堂近くの奥の院遥拝所に小さなものが一対あるだけだった。行事にはコウヤマキは使っていないようだった。

京都には東には鳥辺野《とりべの》、西に蓮台寺野《れんだいじの》・化野《あだしの》の風葬地があった。東山・六道珍皇寺《ろくどうちんのうじ》は冥途への入り口とされた六道の辻にある。六道とは死者が転生する地獄、飢餓、畜生、修羅、人間、天上の世界のことである。京都で

高野山のコウヤマキ

高野山で売られるコウヤマキ

は盂蘭《うら》盆会にお迎えする先祖の精霊を「お精霊《しょらい》さん」と呼んで、ここまで迎えに行く。六道参りで知られたところだ。参拝者はここでよりしろになるコウヤマキを買い求め、水塔婆に先祖の戒名を書いてもらい、迎え鐘によってこの世に戻ってくるお精霊をここでコウヤマキに載せて帰るというわけである。コウヤマキの枝にミソハギ、ホオズキを重ねる。盂蘭盆にミソハギを用いて水をかけお盆の穢れをはらったり、仏前に供えたことから「みそぎはぎ」が「みそはぎ」になったという。

死者はここで閻魔《えんま》大王から過去の行状での裁きを受け、六道へと分かれて行った。珍皇寺には書記をひかえた閻魔像があり、小野篁《おののたかむら》が冥界への行き来に使ったという井戸が残っている。しかし、この珍皇寺の境内にはコウヤマキはない。業者によってお盆にここで売られるのであろう。

延暦寺西塔釈迦堂《えんりゃくじさいとうしゃかどう》前にもコウヤマキの大木が一本ある。大悲山峰定寺《ぶじょうじ》山門前、善峯寺《よしみねでら》にも大きなものがあるし、山科小野の随心院《ずいしんいん》、槇尾《まきのお》・西《さい》明寺《みょうじ》、醍醐寺金剛王院《だいごじこんごうおういん》（一言寺《いちごんじ》）の本堂わきにもあった。

比叡山延暦寺西塔釈迦堂前のコウヤマキ

善峯寺のコウヤマキ

コヤスノキ（子安木）（ヒメシキミ）

Pittosporum illicioide　トベラ科

明治三三年、兵庫県の植物研究家大上宇市氏から牧野富太郎博士に標本が送られ新種として記載されたとされる。葉は長い楕円形で光沢があり小枝の先に集まってつく。高さ二メートル程度の低木、日本の兵庫県南西部・岡山県南東部と中国・台湾に隔離分布するという。日本ではこの地域に限って分布すること、遠く中国や台湾にあることから人為的に持ち込まれたのではないかとも考えられたらしい。五月、新葉の先に淡黄色の花をつけ、秋に五ミリくらいの球形の実をつける。しかし、花がきれいなわけでもなく、わざわざもって来るような樹木でもない。

庭木によく植えられるトベラと同属であるが、あまり似ていない。根元から何本もの幹が群がって生える様子が子沢山を思わせ、この名がつき安産のお守りとするという。兵庫県上郡町の大避《おおさけ》神社、相生市矢野町の磐座《いわくら》神社のものは岡山県指定、姫路市香寺町相坂の八葉寺《はちようじ》のものは姫路市指定の天然記念物で、樹皮を煎じて飲めば安産とか、葉を安産のお守りとし、嫁ぐ娘の箪笥に入れ安産を願ったという。

福岡県宇美市の宇美《うみ》八幡宮は神功皇后が三韓遠征から凱旋したあと、このコイ（槐）（エンジュ）の枝に取りすがって皇子（応神天皇）を安産されたとされ、この木が神木「子安の木」として保存されている。わざわざ宇美まで出かけてみたことがある。ここで「子安の木」とされるものはコヤスノキではなく、街路樹としてもよく植えられている中国原産のエン

宇美八幡宮のエンジュ（コヤスノキ）

コヤスノキ（牧野植物園）

ジュであった。それも大木かと思ったが、枯れた根元からの萌芽が伸びているだけで、ちょっと期待外れであった。境内の湯方《ゆのかた》神社は応神天皇を取り上げた助産婦の神とされ、エンジュの葉の入ったお札を授けていた。

エンジュ（槐樹）のこともコヤスノキともいい、エゴノキ、アブラチャンもコヤスノキと呼ぶところがあるようだ。エンジュは東京などでは街路樹としてよく植えられている。京都でも御蔭《みかげ》通の両側に植えられている。ここでは両側から伸びた枝が道路の上で接し、樹木のトンネルのようだ。本物のコヤスノキは京都府立植物園や亀岡の大本《おおもと》花明山《かめやま》植物園に植えられているが、京都の神社ではまだ見ていない。

ゴヨウマツ（五葉松）（ヒメコマツ　姫小松）

Pinus parviflora　マツ科

日本には二針葉（二葉）のアカマツ、クロマツ、リュウキュウマツと、五針葉のハイマツ、チョウセンゴヨウ、ヤクタネゴヨウ（アマミゴヨウ）、ゴヨウマツ（ヒメコマツ）の七種がある。図鑑によっては本州中部以北に分布するヒメコマツと中部以南のゴヨウマツを別亜種あるいは別種にしていることもある。青森・八甲田山や北海道にあるハッコウダゴヨウはハイ

下鴨神社の「媛小松」

マツとゴヨウマツの雑種とされている。

日本ではオオミツバマツなど化石としては三針葉のマツが発見されているが、現生のものは二葉と五葉のみである。しかし、北半球に広く分布するマツには三針葉のものがたくさんある。別に紹介するハクショウ（白松・三鈷のマツ）もその一つである。

ゴヨウマツの球果（松ぼっくり）は成熟してもアカマツやクロマツのように傘は開かない。種子は大きく、これについている翼は短い。中でも、チョウセンゴヨウやヤクタネゴヨウの種子は大きく、松の実として食用にされる。中国から輸入の松の実は多くが北部産のチョウセンゴヨウか南部産のヤクタネゴヨウの亜種タカネゴヨウの種子である。

大原野・善峯寺《よしみねでら》の徳川綱吉《つなよし》の生母桂昌院《けいしょういん》お手植えとされる「遊龍松《ゆうりゅうのまつ》」は国指定の天然記念物である。東西に伸びる水平支幹は元の長さ五四メートル、主幹は傘状に仕立てられ幹周一・五メートル、南北に走る水平支幹は二四メートルとされ、樹齢六〇〇年といわれる。ゴヨウマツが横に長く伸びるのは珍しい。大原・宝泉院《ほうせんいん》のゴヨウマツは富士山のように高く盛り上がっている。金閣寺《きんかくじ》（鹿苑寺《ろくおんじ》）の「陸舟《りくしゅう》の松」は足利義満公遺愛の盆栽を移したものとされ、これも樹齢六〇〇年という。ともに京都市指定の天然記念物である。この他、城南宮《じょうなんぐう》、梅宮《うめのみや》大社、曼殊院《まんしゅいん》庭園の鶴島、下鴨《しもがも》神社の「媛《ひめ》小松」などがある。上賀茂《かみがも》神社神馬舎近くにすっと立

金閣寺の「陸舟の松」

善峯寺の「遊龍松」

大原・宝泉院のゴヨウマツ

つゴヨウマツがあるが、日本産のゴヨウマツとは樹形がちがうし、球果のかたち・葉の長さもちがう。これは北アメリカ原産のストローブマツ（P. strobus）である。

分布：本州（関東以西）・四国・九州

サカキ（榊）

Cleyera japonica ＝*C. ochnacea, Sakakia ochnacea*　ツバキ科

常緑の中高木、葉は長楕円形の厚い革質、光沢がある。初夏、白い五弁の小さな花をつける。花はよく匂う。果実は艶のある黒色。語源は常に葉があることから「栄木《さかえぎ》」、あるいは神社の「境の木」からとされる。しかし、古代には常緑樹を広く「賢木《さかき》」と称していて、現在のように特定の樹種を指すようになったのは平安時代以降だという。

神籬《ひもろぎ》・神の依り代《よりしろ》としてこの枝葉を神前に玉串として捧げたり、お祓いなど神事に用いる。サカキの分布しない関東・東北では、ヒサカキを代用するところがある。北海道ではもっぱらイチイ（オンコ）をつかうようだ。東日本大震災被災地の社叢調査を続けているが、本殿も拝殿も流失したところでは仮設住宅地近くなどに仮殿を建てている。そこでは玉串のサカキ

上賀茂神社のストローブマツ

ヒサカキの花

ヒサカキ

は残念ながらプラスチックだった。

『万葉集』に坂上郎女《さかのうえのいらつめ》の「奥山の賢木の枝に白紙つけ木綿とりつけて」という長歌がある。おみくじをこのサカキに残している神社は多い。玉串としてサカキが選ばれたことには葉が水平につくことともに、虫がつかないことが一つの理由だろう。葉に虫の食べた痕が残っているのはみたことがない。

下鴨《しもがも》神社に有名な「連理の賢木（榊）」があるが、これも本当のサカキでなく、樹木自体はシリブカガシである。松尾《まつお》大社の大鳥居には色は変わっているが、サカキがたくさんぶら下がっている。北区杉坂南谷の小野道風を祭神とする道風《とうふう》神社のサカキは幹周一・五メートル、高さ一〇メートル以上もの大きなものが四本、少し小さなものも三本ある。大原江文峠下の江文《えぶみ》神社にも大きなサカキが何本かある、どれもすっくと立っている。醍醐寺金剛王院《だいごじこんごうおういん》（一言寺《いちごんじ》）、山科日ノ岡の日向《ひゅうが》大神宮、鞍馬山などにも大きなものがある。月読《つきよみ》神社には大きくはないが三本がくっついた「結びの木」がある。

サカキは神社の樹木ではあるが、寺院にもある。東寺《とうじ》（教王護国寺《きょうおうごこくじ》）の中にある産土神を祀る八嶋社《やしましゃ》にはサカキとモッコクがある。

ヒサカキ（姫榊）（Eurya japonica）は常緑の低木だが、ときに直径三〇センチ、高さ一〇メートルにもなる。サカキの分布しない東北や中部地方ではサカキの代用にこのヒサカキを使うというが、紀伊半島ではビ

一言寺のサカキ

松尾大社鳥居のサカキ

シャッコなどと呼ばれ、仏壇へ捧げる仏花である。吉野・蔵王堂《ざおうどう》の四本桜にはヒサカキが生けられていた。ここでもヒサカキは仏花である。果実は染料にする。

信州・長和町《ながわ》の小さな神社で祭礼を見ていたら、サカキの代わりにソヨゴを使っていたし、吉野・水分神社《みくまり》（子守宮）では境内にサカキはあるものの神前にはアセビを捧げていた。

分布：サカキ　本州（茨城・石川県以西）・四国・九州・済州島・台湾・中国
ヒサカキ　本州（岩手・秋田以南）・四国・九州・沖縄・台湾・朝鮮・中国

サクラ（桜）類

Prunus spp.　バラ科

サクラの野生種にはヤマザクラ、オオヤマザクラ、チョウジザクラ、ミネザクラ（タカネザクラ）、オオシマザクラ、カスミザクラ、エドヒガン、マメザクラ、ミヤマザクラ、ヒカンザクラ（カンヒザクラ）、イヌザクラなどがある。オオシマザクラを改良したとされる里桜・八重桜にも、たくさんの品種がある。

サクラの花の色はほぼ白色のタイハク（太白）、わずかに赤味を帯びる、

京都府立植物園・桜の園

いわゆる桜色のソメイヨシノ（染井吉野）、濃紅色のカンヒザクラ（寒緋桜）、さらには黄緑色のウコン（鬱金）、ギョイコウ（御衣黄）などがあるし、花の大きさ（花径）も野生のミヤマザクラ、チョウジザクラのように二センチ以下のごく小さいものから、シロタエ（白妙）、ハナガサ（花笠）のように五センチ以上にもなる大きなものまである。花弁数もソメイヨシノのように一重五枚のものから八重のカンザン（関山）などでは五〇枚、菊咲のケンロクエンキクザクラ（兼六園菊桜）では何と五〇枚以上にもなる。桜は春のものだが、ジュウガツザクラ（十月桜）などは秋から咲き続ける。

ソメイヨシノ（染井吉野）は江戸時代末期、江戸・染井村でつくられ、花の吉野にあやかって「染井吉野」と命名されたという。オオシマザクラとエドヒガンの雑種であることはわかっている。この当時、接ぎ木・挿し木、あるいは交配の技術はできあがっていたので、人工的に創りだしたのかも知れない。このソメイヨシノの出自については両種の分布が重なる伊豆大島で江戸時代に自然交配のものが見つけられ、それが観賞用に江戸で売り出されたという説もある。私には後者の方が説得力があるように思える。現在、日本のサクラの七～八割がソメイヨシノだとされる。奈良・吉野の桜は実際に多いのはソメイヨシノでなく、ヤマザクラの系統シロヤマザクラ（白山桜）だという。

下醍醐のサクラ

慶長三年（一五九八）、太閤秀吉が秀頼、北政所《きたのまんどころ》、淀君、諸大名を集め催したという「醍醐の花見」というのも、当時まだソメイヨシノは創りだされていなかったのだから、ヤマザクラだったと思うのだが、七〇〇本のサクラを畿内各地から移植させたともされる。移植してすぐに咲いたのだろうか。普賢象《ふげんぞう》などは室町時代には創り出されていたとされるので、秀吉もみていたのかも知れない。とはいえ、華やかなのはやはり今のソメイヨシノの方だろう。私たちは秀吉より華やかな花見をしている。それにしても満開のサクラの下で場所を取り合い、弁当を広げ、焼肉をするなど大宴会をするのは日本独特の風習らしい、

ソメイヨシノの開花は三月中旬の高知・鹿児島などから始まり五月中旬には北海道南部まで北上する。これをサクラ前線といっている。これは気象台が決めたソメイヨシノの標準木が各地にあり、これにたった一輪でなく、五〜六輪以上咲いた時を開花日としている。標準木はサクラの名所などにある。京都は二条城の中の一本だ。さらに、満開とは八〇パーセント以上のつぼみが開いたときをいう。しかし、沖縄ではソメイヨシノは少ないので、ヒカンザクラの開花日をサクラの開花といっている。その開花は例年一二月下旬である。それも沖縄本島北部の本部《もとぶ》半島から始まり、次第に南下するといわれる。

京都でもっとも早く三月末に咲くのが出町柳近くの長徳寺の鮮やかな紅

賀茂川堤（公園）のサクラ

紫色で下向きに咲くオカメザクラだろう。これは一九四九年にイギリス人のイングラ氏がカンヒザクラとマメザクラを交配しつくりだしたものだとの説明書きがある。

　サトザクラ（里桜）（Prunus lannesiana var. lannesiana）はオオシマザクラから改良された園芸種で、単弁（一重）のものも重弁（八重）のものもある。芳香をもつものもある。サトザクラ（里桜）にはこのオオシマザクラ系以外の雑種の園芸品種も含めている。

　京都にも高野川沿いの川端通（北山〜出町）、銀閣寺疏水沿い哲学の道（銀閣寺から若王子《にゃくおうじ》神社）の関雪桜、嵐山、醍醐寺《だいごじ》、向日《むこう》神社、平野《ひらの》神社、宇治公園・中之島、二条城、壬生寺《みぶでら》などソメイヨシノを主とするサクラの名所は多いが、古い木の根元は腐り、太い枝も枯れ樹形も悪くなっている。ソメイヨシノの寿命は案外短く七〇年程度だといわれている。ソメイヨシノの多くは戦後復興の中で植えられたもの、そろそろ寿命かと思っていた。ところが、青森・弘前公園にあるソメイヨシノは一三〇年前に植えられたとされ、もっとも大きいものは幹周り約五・四メートルもあるという。昔から「桜切る馬鹿、梅切らぬ馬鹿」といわれ、サクラは切ってはいけないとされてきた。ところが、弘前公園ではリンゴの選定を応用し、病気の枝や枯れた枝を積極的に切って活力を維持しているという。京都のソメイヨシノももっと長く楽しめるようになるといい。やはり野生のエドヒ

哲学の道のサクラ（銀閣寺付近）

ガンは長寿で山梨県実相寺にある「山高神代桜《やまだかじんだいざくら》」は周囲一〇メートル以上、樹齢一、八〇〇年とも二、〇〇〇年ともいわれる。大原野・善峯寺《よしみねでら》のシダレザクラは徳川綱吉公の生母桂昌院お手植えとされる。

上賀茂《かみがも》神社、城南宮《じょうなんぐう》離宮、平安《へいあん》神宮、東寺《とうじ》、御香宮《ごこうのみや》神社、仏光寺《ぶっこうじ》、堀川天神前の水火《すいか》天満宮、平野神社、妙蓮寺《みょうれんじ》、山科・毘沙門堂《びしゃもんどう》などのシダレザクラ（枝垂れ桜）、ベニシダレ（紅枝垂桜）などはよく知られたものだ。千本釈迦堂《せんぼんしゃかどう》の「阿亀《おかめ》桜」もシダレザクラで、近くにおかめ塚がある。ヤマザクラでは岩倉幡枝《はたえ》の幡枝八幡宮、鷺森《さぎのもり》神社、大原野《おおはらの》神社などが知られたものだ。真如堂《しんにょどう》の「立皮桜《たてかわざくら》」は春日局が父斉藤利三《としみつ》の菩提を弔うため植えたとされ、樹皮が縦に走る。エドヒガンとされている。

御所紫宸殿《ししんでん》の「右近の橘、左近の桜」はよく知られているが、この組合わせはかなり新しいものらしい。『続日本紀』の仁明天皇・承和一二年（八四五）に御所の前庭の梅花を折って頭に挿し、舞ったとの記述があり、当時、植えられていたのは桜でなく梅だったらしい。その後、清和天皇時代には桜樹が枯れたとあり、このころには桜であったらしい。橘とのコンビは孝明天皇の安政二年（一八五五）に桜、橘を移すとあり、このころにはコンビができていたらしい。もちろん、ソメイヨシノのない時代だから、ヤマザクラだったのだろう。

ツバキと同様、京都の社寺には名桜と呼ばれる品種が保存されている。

千本釈迦堂の「阿亀桜」

「桜花祭り」の行われる平野《ひらの》神社には早咲きの魁《さきがけ》、遅咲きの平野妹背《ひらのいもせ》のほか、突羽根《つくばね》、嵐山、楊貴妃などがあり、本殿には右近の橘、左近の桜（衣笠）がある。また境内の茶店では「平野桜露」という半生菓子がある。鞍馬寺には馬具の雲珠《うず》に似ているといわれる雲珠桜がある。

千本閻魔堂《せんぼんえんまどう》（引接寺《いんじょうじ》）の普賢象《ふげんぞう》、京北・常照皇寺《じょうしょうこうじ》の九重《ここのえ》桜、車返し、左近の桜、大原野《おおはらの》神社に千眼《せんがん》桜、清水寺《きよみずでら》の地主神の地主神社の地主桜、祇《ぎ》王寺《おうじ》の祇女桜などがあり、大原野・勝持寺《しょうじじ》は花の寺とも呼ばれ西行が修業したところとしても知られ、西行桜、小塩桜などがある。上賀茂《かみがも》神社二の鳥居西の勅使舎の裏には御幸《みゆき》桜がある。

真言宗御室派の総本山御室《おむろ》・仁和寺《にんなじ》は仁和四年（八八八）に建立されたとされ『都名所図会』にも記述がある。仁和寺の桜、すなわち「御室の桜」は史跡名勝に指定されている。古くから花見の名所として知られたところである。境内に約二〇〇本あり、遅咲きでせいぜい背丈くらいの高さである。見上げるものでなく、眼の高さで花が見られる。「仁和寺や足もとよりぞ花の雲」とか、「わたしやお多福、御室の桜、はなが低うても人が好く」といった俗謡はよくこのことを表している。低いところに咲く花と鼻の低いことをかけている。御室の桜を「お多福」と紹介したものがあるが、こんな品種はないようだ。先のお多福のことである。いわゆる里桜で、ソメイヨシノが散ったあとでの花見になる。御室有明、御車返《みくるまがえ》し、有明、稚児

仁和寺の「御室の桜」

大原野神社の「千眼桜」

桜、妹背《いもせ》、殿桜などたくさんの品種がある。樹高が低いのは地中に粘土層があり、根が十分に張れないためだという。

京都の桜にはその系統保存と管理に桜守の佐野藤右衛門さんの献身的な努力が効いている。このことは佐野藤右衛門さんの著作『桜花抄』、最近出版された『桜のいのち庭のこころ』（草思社）などを読めばよくわかる。

妙蓮寺《みょうれんじ》は法華（日蓮宗）の本山、日蓮上人入滅の会式が行われる一〇月一三日頃から咲くといわれる御会式桜がある。枝先が垂れ下がり白い小さな八重の花をつける。この桜は日蓮上人入滅のとき開花したとされる。この花びらをもって帰ると恋の願いがかなうという。雨宝院《うほういん》（西陣聖天《にしじんしょうてん》）には歓喜桜や観音桜がある。慧光寺《えこうじ》のヤマザクラの品種平野夕日桜は枯れたようで、切り株から萌芽がでている。

京都の桜・花見には橋本健次『京都・桜』、佐野藤右衛門『桜花抄』・『京のさくら』、中田昭『京都　電車で行く桜散策』、福島右門『京都の桜』、水野克比古『京都桜名所』・『さくら図鑑・京都』・『京都桜名所』などたくさんのガイドブックがある。

シイ（椎）コジイ（ツブラジイ）Castanopsis cuspidata

スダジイC.cuspidata. var. sieboldi　ブナ科

妙蓮寺の御会式桜

暖帯林で優占する常緑広葉樹。葉の表面は濃緑色であるが、裏は銀褐色。五月頃、八センチくらいの穂状の花をつけ独特のにおいを放つ。虫媒花で昆虫を引き寄せる。一個の殻斗に一個の堅果（ナッツ・シイの実）が入っている。シイはこれまで丸く小さな実をつけるコジイ（ツブラジイ）と細長く大きな実をつけるスダジイに分けて、別種としたり、変種としたりしてきた。樹形から、すなわち、コジイでは樹皮が平滑だが、スダジイはより大木になり樹皮に縦の割れ目ができるので区別できるともいわれている。

しかし、これも実際にはかなりむつかしいことのようだ。コジイはシイの実が小粒で大きさもかたちもほぼ揃っているのに、スダジイの方は丸いものから細長いものまで連続する。これらのことから両種を別種、変種として分ける必要はないともいわれていた。しかし、最近のＤＮＡによる判断ではコジイ、スダジイと奄美・沖縄のイタジイの三種に分けられるとされる。コジイの北限が静岡県であるのに、スダジイはもっと北、関東地方まで分布する。関東地方では細長いスダジイだけで丸いコジイがない。京都では同じところに両方があるが、どこもコジイの方が多いようだ。五月初め、黄砂の来る頃、社寺のシイの花が咲いたのを確かめて、秋にシイの実を拾いに行っても残念ながら落ちていない。花が咲いた次の年に成熟し落ちてくるからだ。

京都では大覚寺《だいかくじ》放生池天神島にあるコジイが最大だろう、ここの五社明

わら天神のシイ（コジイ）

大覚寺・天神島のシイ（コジイ）

神にも大きなものがある。上賀茂《かみがも》神社の曲水の宴が行われる渉渓園《しょうけいえん》のものは「睦《むつみ》の木」と呼ばれる大きなものだ。わら天神（敷地《しきち》神社）は腹帯天神とも呼ばれ安産の神として知られるが、ここにも三本の大きなコジイがある。上醍醐では開山堂への参詣道のそれも女人堂から不動の滝まではシイの巨木が続く。上高野・崇道《すどう》神社、北白川《きたしらかわ》天神宮はシイ林の中にある。この他、コジイ（ツブラジイ）は鹿苑寺《ろくおんじ》金閣、八《はち》神社、下鴨《しもがも》神社表参道、三宅《みやけ》八幡宮、大田《おおた》神社、高台寺《こうだいじ》、平岡《ひらおか》八幡宮、大原野《おおはらの》神社などにある。

分布：スダジイ　本州（福島・新潟以南）・四国・九州・沖縄・済州島
コジイ（ツブラジイ）　本州（関東以南）・四国・九州・沖縄・台湾・中国南部

上賀茂神社の「睦の木」

シキミ（樒・梻）（ハナノキ）

Illicium anisatum = I. religiosum　シキミ科

常緑の中低木、花は三月に開花、淡黄色の披針形、果実は八角でアニサチンを含み有毒、この「悪しき実」からシキミとなったとされる。ハナノキ、ハナシバ、コウシバ、ブツゼンソウ、オハナなどの方言がある。国字は梻で、生枝をもっぱら仏事に用いる。この枝葉の香気が死臭を消すとい

シキミの花

い、樹皮や葉を干して抹香とした。屋久島では土葬時代、お墓の上にシキミやアセビを置き、けものに掘り返されるのを防いだと聞いた。古くは神にサカキとともにシキミを供えていたが、仏教伝来後はもっぱら仏に捧げる樹木になったとされる。「奥山のしきみが花のなのごとやしくしく君に恋いわたりなむ」（万葉集・巻二十）という歌もある。

京都でシキミといえば、愛宕山（標高九二四メートル）山頂にある愛宕《あたご》神社の七月三一日の「千日詣り」での火除けの「火廼要慎《ひのようじん》」の護符と神花としてのシキミだ。授けられたシキミを神棚やかまどに供える。かまどに火をおこしたとき、シキミの葉を一枚ずつ、入れると火事にならないという。神仏習合のなごりで、このシキミは昔から水尾の里の専売である。しかし、もうかまどのない家庭がほとんど、「火廼要慎」のお札は多くの方が求めていたが、シキミの束を買い求める人はわずかしかいなかった。現在でもシキミをお正月の門松代わりに用いる地域があるとされる。

大原・来迎院《らいごういん》、山科小野・随心院《ずいしんいん》、醍醐・一言寺《いちごんじ》（金剛王院《こんごうおういん》）本殿前、延暦寺《えんりゃくじ》西塔浄土院に一対などがある。墓地にはよく植えられているが、寺院に植えていることは案外少ない。

中国のシキミ、トウシキミ（I.verum）（八角茴香《はっかくういきょう》）は葉も果実もシキミとよく似ているが、こちらは無毒で、中華料理では香料とする。

分布：本州（宮城・石川以西）・四国・九州・沖縄・済州島・中国

延暦寺西塔浄土院の一対のシキミ

シキミ

シダレヤナギ（枝垂柳）

Salix babylonica　ヤナギ科

鴨川堤防（鴨川左岸）や川端通、また岡崎疏水からの分流である白川の川筋などにシダレヤナギの並木がある。都市公園や児童公園にも植えられているなじみの樹木であるが、これももともと中国原産の落葉高木、古く奈良時代には入っていたとされる。

洛陽三十三ヵ所一番札所六角堂《ろっかくどう》（頂法寺《ちょうほうじ》）のヤナギは江戸時代には「地ずり柳」と呼ばれ、垂れ下がった枝が地面についていたという。現在のものも区民の誇りの木に指定されているが、これも地面まで達している。良縁に恵まれるとされ、たくさんのおみくじが結び付けられている。このように地面まで達するしだれ柳をロッカク、ロッカクヤナギと呼んでいる。もちろん、六角堂にちなんだものだ。ここは平安京の中心（へそ）とされ、六角形の「へそ石餅」がある。

東の「銀座の柳」に対し西は「出町柳」か？と思ったが、出町柳周辺にはヤナギは少ししかない。出町柳の地名の起りを調べてみたら、出町とは洛外へ出ること、出町を出て鴨川を渡ると、そこは洛外、御土居の外で、大原から小浜へ通じる若狭街道であった。ヤナギとは「弥な来」のこと、往来が八方に通じ人の行き来するところのことで、樹木のヤナギとは関係

六角堂の地ずれ柳

川端通（四条付近）

ないと知ってちょっとがっかりしたが、逆に、名に恥じないよう、この鴨川・高野川周辺にたくさんのヤナギを植えて、名所にしたらいいと思っている。

毎年一月の第三日曜日にある、三十三間堂《さんじゅうさんげんどう》（蓮華王院《れんげおういん》）での弓引き初めは有名だが、この日、本堂内陣ではヤナギ（楊枝）の枝でお加持の浄水を参詣者に注いで功徳を与える重要な法要がある。

ヤナギといえばお正月三が日のおせち料理やお雑煮をいただくのに使う祝箸、柳箸だ。両細で中央の膨らんだ丸箸で、長さは末広がりの八寸（約二四センチ）と決まっている。両細は一方はお正月にやって来られる歳神様が使い、もう一方は自分が使うためとされている。ひっくり返して取り箸にしてはいけない。その由来については、ヤナギは折れにくく春一番に芽を吹き縁起がいい、薬木で邪気を払う、あるいは五穀豊穣を願って米俵形にしたといったいろんな説があるようだ。

シマモクセイ（島木犀）（ナタオレノキ　鉈折木）

Osmanthus insularis　モクセイ科

常緑の中高木、葉は対生、先端は尾状に伸び鋭く尖る。全縁、鋸歯はな

白川（古川町付近）

シマモクセイ（京都府立植物園）

い。雌雄異株、秋に白い小さな花が束生する。果実は長さ一・六〜二センチの楕円形、開花時は青緑色、翌年に黒く熟す。分布は限られていて、私も野生のものは小笠原父島の大神山でしかみたことがない。ナタオレノキ、ナタハジキの名があるように、材はきわめて堅い。

幕末、京都守護職の松平容保《まつだいらかたもり》が本陣とした黒谷・金戒光明寺《こんかいこうみょうじ》の寺務所前に高さ五メートルくらいの円筒形に仕立てられた大きなシマモクセイがあり、区民の誇りの木に指定されている。京都ではここだけであろう。どこからもって来たのだろう、由緒が知りたい。

分布：本州（福井県以西）・四国・九州・沖縄・台湾・小笠原・朝鮮

スギ（杉）

Cryptomeria japonica　スギ科

常緑の針葉樹、幹は通直、高木になる。誰もが知っている樹木であろう。クスノキとともに、まずどこの社寺にもある。木造建築材、家具、桶・樽材など日本文化を支えた樹木で、とくに日本酒造りの酒樽は吉野杉であった。それだけに各地に有名造林地があるが、近年、木造建築の減少での需要減、またスギ花粉症問題で結実しない品種への転換が話題になっ

金戒光明寺のシマモクセイ

ている。

アシウスギ（アシオスギ）（芦生杉）（var. radicans）とは日本海側のスギのことである。南丹市美山町芦生の京都大学芦生研究林のスギに対し、ここを訪問した東京帝国大学理学部教授だった中井猛之進によって命名された。スギは青森から屋久島まで広く分布するものの日本海側のものと太平洋側に分布するものではその形態が少しちがう。アシウスギは日本海側の積雪地帯に分布し耐陰性が強く、枝葉が垂れ下がり、針葉が弓のように湾曲するので、触っても痛くない。下枝が枯れずに長く残りそれが垂れて地面に接し、そこから根をだし独立したスギになる伏条更新をするなどの特徴がある。

スギは日本特産とされているが、中国にもある。スギの変種とされるカワイスギ（シナスギ）（var. sinensis）で、日本のスギとよく似ている。これを別種とすればスギは日本特産種だが、同種の変種だとすれば、スギは日本特産種ではなくなる。中国でも南部に分布し、すでに大きな造林地もある。

環境庁編『日本の巨樹・巨木林　全国版』（一九九一）によれば、屋久島の「縄文杉」（幹周一、六一〇センチ）が全国巨木ランキングで一二位、新潟県阿賀町岩谷「将軍杉」（一、五九五センチ）が一五位、高知県大豊町八《や》坂《さか》神社の日本一大杉「杉の大スギ」（一、五〇〇センチ）が二三位とされて

アシウスギ

屋久島の「縄文杉」

いる。縄文杉は国立公園内、あとの二つは国指定天然記念物である。縄文杉は発見当初、樹齢六千年とされ、縄文杉と名づけられたのだが、現在では七、二〇〇年と説明されている。わずかの間に一、二〇〇年も歳をとったことになる。炭素同位体調査で二、一七〇年プラスアルファだともされているが、どうしても老齢にしたくなる。

先に述べた高知県大豊町八坂神社の「杉の大スギ」は樹齢三千年、須佐《すさ》之男命《のおのみこと》が植えたとされている。二株が根元で合着し南大杉は根元の周囲約二〇メートル、樹高約六〇メートル、北大杉は周囲約一六・五メートル、樹高約五七メートルとされている。環境庁のデータより大きいが、幹周の測定はむつかしいし、どうしても大きくしたくなるのが人情だろう。

伏見稲荷《ふしみいなり》大社では古来「稲荷山の験《しるし》杉」として赤い御幣をつけたスギの小枝を開運・招福のしるし「福かさね」として新春に参拝者に授与している。これは『千載和歌集』に僧都有慶が詠んだ「いなりやま　しるしの杉の年ふりて　みつのみやしろ神さひにけり」の「しるしの杉」にちなむものだが、現在、境内にはスギの巨木はないようだ。

久多《くた》中の町にある大川《おおかわ》神社のスギは樹高四〇メートル、周囲六・九メートルで府下最大とされ、京都市指定天然記念物、『京都市の巨樹名木』によれば、府内第一位の巨木は綾部市君尾山のトチノキで幹周一〇・四メートル、第二位が和束町八坂神社の「ぎおん杉」で一〇メートルとされてい

伏見稲荷大社の「福かさね」

由岐神社の「玉杉・大杉さん」

る。峰定寺《ぶじょうじ》「花背《はなせ》三本杉」、鞍馬・由岐《ゆき》神社の豊臣秀頼寄進の国宝割拝殿の近くの「玉杉・大杉さん」と右京区京北上中町の八幡《はちまん》宮社の「大杉」も天然記念物、貴船《きふね》神社奥宮思い川前の相生杉《あいおいすぎ》は双幹だが樹齢千年とされている。参道沿いの巨木も立派だ。ここ貴船神社奥宮には「連理の杉」としてスギとイロハモミジが根元で合体したものがある。鷺森《さぎのもり》神社本殿前、大《おお》豊《とよ》神社のスギはともに神木である。社寺のスギ林としては北区杉坂の道風神社、右京区京北田貫《たぬき》町の白山《はくさん》神社をとりまく母樹林がすばらしい。

北山台杉は一本の台木から数本の幹を伸ばす北山独特の仕立て方で、茶室などに利用する細い丸太の生産を目的としたものだ。台木（台杉）仕立てと呼ばれ、日本海側のアシウスギの系統である。現在では庭園樹として植えられていることの方が多い。北山中川が北山杉の生産地であるが、現在は主として床柱のため一本仕立てである。

貴船神社の連理のスギとイロハモミジ

センダン（栴檀・楝）

Meliaazedarach　センダン科

分布：本州（青森以南）・四国・九州・屋久島

暖地にある落葉高木、古くはオフチ・アフチ（楝）といった。葉は大きな二回、または三回複葉、互生し小葉には鈍い鋸歯がある。花は薄紫で初夏に咲き、きれいなものだ。高野川・鴨川沿いにも何本か立っている。図鑑などでは自然分布は九州以南とされるが、南紀のものは自生だともいわれる。京都のものも植栽されたものの種子が広がったのであろう。『万葉集』に山上憶良の「妹が見し棟《あふち》の花は散りぬべしわが泣く涙いまだ干《ひ》なくに」という歌はアウチを逢うにかけている。花を愛でているのである。落葉後も黄色い実が落ちず五月になってもまだ残っている。千珠ともいい実の付き方が数珠を連ねたように見えるからだともいう。

平安時代には庭園によく植えられていたのだが、どうしてか源平の戦以降、一転して獄門台の樹木・不浄の木とされ、さらし首をこの上に並べた。源義朝、木曽義仲らの首をさらしたのである。江戸・鈴が森の処刑場の周囲にも植えたという。これはセンダンはもともと邪気を払う樹木とされていたので、さらし首の怨霊を払ったものだともいう。棺桶の木などとも呼ばれ火葬の薪や棺桶材ともした。

こんな伝説から社寺にはないと思っていたのだが、建仁寺《けんにんじ》、檀王法林《だんのうほうりん》寺《じ》、上御霊《かみごりょう》神社の神明社、上賀茂《かみがも》神社、京都御苑内の宗像《むなかた》神社に大きなものがある。どこも、地表にはたくさんの黄色い実が落ちている。

「栴檀は双葉より芳し」とは西行法師の『撰集抄』にでてくるらしいが、この栴檀とは白檀のこと。ビャクダン（Santalum album）はビャクダン

ビャクダン

センダンの花

科の半寄生性の樹木で、チモールなど南太平洋諸島が原産でインドなどで栽培される。材は芳香成分サンタロールを含み薫香とし、また核果を数珠とした。日本にも小笠原にムニンビャクダン（S. boninensis）というのがあるが、低木で香りはないようだ。

仏伝によれば釈迦は臨終の際、「私の遺体はビャクダンの薪で荼毘《だび》にふせよ」と遺言されたという。その後、火葬の際、ビャクダンの薪を加えるようになったとされる。お焼香にビャクダンや沈香などを薫香を使うようになった理由だろう。しかし、ビャクダンは南太平洋チモール島の原産、当時のインドにはなかったはずだ。それよりも、悟りを得た釈迦が、こんな無理な遺言をするはずがないと思っている。

分布：四国・九州・沖縄・台湾・中国・ヒマラヤ

ソテツ（蘇鉄）

Cycas revoluta　ソテツ科

ソテツの自生地は九州（宮崎県都井岬以南）・沖縄・台湾・中国とされるが、観賞用に各地の社寺に植栽されている。京都でもいくつかの社寺に植えられているが、冬は寒さを避けてこも（菰）で巻かれることが多

ソテツ雌花

ムニンビャクダン（小笠原父島）

い。幹は円柱状で太く、葉の落ちた痕が鱗状に覆う。高さ四メートルほどになり茎頂から長さ二メートルの葉を四方に広げる。雌雄異株、雄花は長さ六〇センチの細長い松かさ状、雌花は直径四〇センチほどのキャベツ状で、種子は赤い卵形。いわゆるソテツの実だ。

奄美《あまみ》大島などではこのソテツの実から味噌などをつくり食用にした。現在でも売っている。ソテツの和名は樹勢が衰えたとき鉄釘などを打ち込むと蘇ることからとされる。光沢のある長い葉を盛花に用いる。

御香宮《ごこうのみや》神社本殿前の雌雄のソテツは市指定天然記念物である。西大谷本廟《にしおおたにほんびょう》のものも大きい。城南宮《じょうなんぐう》離宮の庭、知恩院《ちおんいん》などにもある。

タチバナ（ヤマトタチバナ）（橘・大和橘）

Citrus tachibana　ミカン科

もともと暖地の海岸沿いにはえる常緑の低木で分布の北限は伊豆半島とされる。若い幹には棘がある。橘はミカンの古名で、わが国では沖縄のシークワサー（ヒラミレモン）とともに野生ミカンとされ、高知県土佐市甲原松尾山のタチバナ群落は国指定の天然記念物だし、三重県鳥羽答志島《とうしじま》のタチバナは県指定の天然記念物である。秋に小さなミカン果をつける。

御香宮神社の蘇鉄

房の中には種子が多い。長寿瑞祥の樹木とされてきた。

近縁にコウライタチバナ（C. nipponokoraena）というのがあり、萩市と韓国済州島に自生し、葉や実が大きくでこぼこがあるとされる。園芸店で売られるタチバナはこのコウライタチバナの方が多いという。なお、カラタチは唐から渡来した橘の意で「唐橘」とされたのだという。

御所・紫宸殿の南階《きざはし》の庭、天皇の座位から見て左側に桜、右側に橘が植えられている。「左近の桜・右近の橘」である。このように御所など特殊な場所に植えられていたものかなと思っていたが、藤原京ではこのタチバナが街路樹として植えられていたとされる。記紀では垂仁《すいにん》天皇が田道間守《たじまもり》を常世の国に遣して非時香具菓《ときじくのかぐのこのみ》をもち帰らせたとされるが、この不老不死の霊薬こそタチバナだったとされる。

時代祭の行列の衣装には桜と橘の平安《へいあん》神宮の紋章がついている。雛祭りにも桜と橘が飾られる。蹴鞠《けまり》で知られる白峯《しらみね》神宮、平安神宮、平野《ひらの》神社などに左近の桜・右近の橘として植えられている。北野《きたの》天満宮の伴氏社《ともうじしゃ》にもあるが、本殿は左にウメ、右にクロマツである。大津の菊料理で知られる西教寺《さいきょうじ》大師堂前に「橘の木」とされるものがあるが、これはタチバナではなくモッコクだった。

分布：本州（静岡・愛知・和歌山）・四国・九州・沖縄・台湾

白峯神宮の右近の橘

タチバナの果実

タラヨウ（多羅葉・貝多羅）

Ilex latifolia　モチノキ科

常緑の高木、葉は大きく厚い革質で長さ一二〜一七センチ、幅五〜八センチ、はっきりした鋸歯がある。葉の裏に釘などで字を書くと、しばらくして字が浮んでくる。本当に葉書にしたのかどうか知らないが、「葉書」の起源だともいわれる。ハガキノキの名もあり、郵便局前に鉢植えがおいてある。また、火にあぶると輪状の斑紋が現れるので、モンツキシバ（紋付柴）の名がある。厚い葉は燃えにくいことを表している。防火に役立つとされ、社寺に植えられる。明智光秀の居城であった亀岡の旧亀山城にもたくさんあるが、やはり防火目的の植栽らしい。

多羅とはサンスクリット語でターラのこと、仏伝では仏国土を飾る荘厳樹とされるオオギヤシ（パルミラヤシ）（Borassus flabellifer）やタリポットヤシ（Corypha umbraculifera）などを指すようだ。貝多羅《ばいたら》とはこのヤシの葉に仏教経典を書いたもの、すなわち貝多羅経である。これらのヤシの若い未展開の葉を切ると一枚ずつの葉が分かれないで折りたたんで繋《つな》がっている。お経が折りたたまれているのと同じだ。

貝多羅など仏典との係わりから寺院の樹木とも思われているが、神社にもある。下鴨《しもがも》神社御手洗《みたらし》池近くのタラヨウの下では神官が座りお祓いをす

下鴨神社のタラヨウ（樹下神事が行われる）

タラヨウの果実

るとされ、葵祭りに先立つ斎王代の禊《みそ》ぎの儀など重要な祭儀（樹下神事）がこの場所で行われる。上賀茂《かみがも》神社にも本殿近くにある。賀茂斎宮跡にある櫟谷七野《いちいたにななの》神社には本殿脇にオガタマノキとタラヨウが一対で並んでいる。珍しい組み合わせだ。

印空寺《いんくうじ》のものは市指定保存木、岡崎の東本願寺《ひがしほんがんじ》岡崎別院本堂裏に大きなタラヨウが数本みえる。鞍馬寺《くらまでら》普明殿、京都御苑内の宗像《むなかた》神社、大豊《おおとよ》神社、鷺森《さぎのもり》神社、相国寺《しょうこくじ》塔頭《たっちゅう》豊光寺《ほうこうじ》などにも大きなものがある。宇治・萬福寺《まんぷくじ》開山堂近くにもカンレンボクといっしょにある。伏見稲荷《ふしみいなり》大社や石《いわ》清水《しみず》八幡宮のものは自生のものであろう。

分布：本州（静岡以西）・四国・九州・中国南部

チャンチン（香椿・紅椿）

Cedrela sinensis= Toona sinensis　センダン科

中国の北部・中部原産の落葉高木で、幹はまっすぐに伸びる。樹皮は縦に裂ける。葉はセンダンに似て互生、羽状複葉。チャンチンは香椿の中国音である。花はセンダンより遅れ七月頃咲くが地味なものだ。

隠元《いんげん》禅師が寛永年間（一六二四―四四）に中国からもってきて黄檗山萬福《まんぷく》

印空寺のタラヨウ

寺《じ》に植えたのが最初とか、種子を取り寄せたともいうし、室町時代にはすでに入っていたともいう。萬福寺の潜修禅《せんしゅうぜん》前に一本のチャンチンがすっくと立っている。直径は三〇センチ程度で、とても隠元禅師が持ってきたものではない。開花・結実しており、地表にはたくさんの稚樹がでている。根からも萌芽がでている。しかし、他の寺院でもこれは見ない。

吉野山蔵王堂の大きな柱は六八本あるとされ、その一つ、銘木「ツツジの柱」はミヤマツツジの巨木だと説明されている。こんなに大きく、それもまっすぐに伸びるツツジの大木など見たことないと思っていたが、田中武文『植物風土記　近畿の巨樹・老木』によれば、実はこれはチャンチンの巨木だという。この蔵王堂が創建されたのは戦国時代、天正年間（一五七三－九二）豊臣秀吉によって改築されたというのだから、隠元の来日よりずっと前になる。チャンチンにまちがいないとしたら、こんなものどこで、どうやって調達したのだろう。中国から輸入したのか、当時すでに大きく育ったものがあったということだろうか。奈良・唐招提寺の梵天像はチャンチン造りだとされる。

京都では社寺以外に翔鸞《しょうらん》小学校（上京区御前今出川）にあったが、台風により倒れてしまい、現在は萌芽したものが伸びている。

名前のよく似たチャンチンモドキ（Choerospondias axillaris）はウルシ科で九州南部や天草には自生するとされる落葉高木、奇数羽状複葉でチャ

萬福寺のチャンチン

チャンチンの葉

ンチンに似る。果実は食べられるが、あまりおいしくないという。京都大学北部構内の湯川記念館前にも大きなものがある。

チャンチンモドキの分布：九州南部・中国南部・タイ・ヒマラヤ

ツクバネガシ（突羽根樫）

Quercus sessilifolia　ブナ科

常緑の高木、葉は厚く革質、和名は小枝につく数枚の小さな葉が「羽根突き」の羽根に似ていることからとされる。ドングリは開花の翌年の秋につく。ドングリ（団栗）はお皿と呼ばれる殻斗の上にのっているが、殻斗の外側の総苞片が魚の鱗のように、あるいは瓦を葺いたように並ぶミズナラ、コナラ、カシワなどと、総苞片が合着し同心円状に並ぶアラカシ、ウバメガシ、ツクバネガシなどのグループに分ける。前者が落葉性、後者が常緑性である。縄文遺跡にドングリが大量に保存されているように、食糧源としても重要なものであった。常緑性のウバメガシ、マテバシイなどはそれほどおいしくはないが、そのまま炒って食べられる。

落葉性のコナラ、ミズナラを東北ではシタミ、木曽ではヒダミなどと呼び、これらのドングリを潰し灰汁《あく》抜きして、「シタミダンゴ・ヒダミダン

カシ切り（高知安芸）

どんぐり饅頭（米子淀江）

ゴ」、あるいは「ナラ餅」と呼ばれるものをつくる。高知ではアラカシのドングリから「カシ切り・カシ豆腐」が作られ売られている。豆腐というより柔らかいういろう（外郎）の感じで、ニンニク、ゴマ、ユズ酢などをつけて食べる。

鳥取県米子市淀江はドングリで村おこしをしており、焼酎、醤油、味噌、うどん、クッキー、饅頭、さらにはソフトクリームまでドングリで作っている。ここではマテバシイのドングリを使っている。アラカシやコナラのドングリを潰し灰汁をとれば、ドングリ・クッキーは簡単にできる。ドングリを炒ったドングリコーヒーもある。

桓武《かんむ》天皇による平安遷都とともに建立され、唐で密教を学んで帰国した空海《くうかい》（弘法大師）が弘仁一四年（八二三）に賜ったとされる真言宗の総本山東寺《とうじ》（教王護国寺《きょうおうごこくじ》）大師堂（御影堂）にツクバネガシの大木が一本、孤立してある。市内でそれも寺院境内でみるのも珍しい。右京区京北田貫の白山《はくさん》神社のものは幹周七・九メートル、樹高二七メートル、樹齢三六〇年とされ、市指定の天然記念物、市内ではこれが一番大きいだろう。北白川の産土神《うぶすながみ》北白川《きたしらかわ》天神宮、上醍醐《かみだいご》開山堂の背後などにも大きなものがある。

分布：本州（福島・石川以西）・四国・九州・台湾

東寺大師堂前のツクバネガシ

白山神社（京北）のツクバネガシ

ツバキ（ヤブツバキ）（椿、山茶、海石榴）

Camellia japonica　ツバキ科

ヤブツバキは常緑高木で海岸部に多いが内陸にもある。葉は濃い緑色、表面に光沢があり、縁には小さな鋸歯がある。青森県田沢湖付近から滋賀県北部までの日本海側山岳地にはヤブツバキの亜種ユキツバキ（C. japonica subsp. rusticana）が、さらには、両者の分布が重なるところにはヤブツバキとユキツバキの雑種といわれるユキバタツバキ（雪端椿）がある。滋賀県北部の福井県との県境の大黒山、栃の木峠、木の芽峠、高時川上流にはユキツバキが確認されているが、長浜市西浅井町山門《やまかど》水源の森のもの、高島市マキノ町白谷の夫婦椿はユキツバキでなくユキバタツバキの方だという。

ヤブツバキは高木になり花が筒状なのに対し、ユキツバキは低木状で株立ち、花は外に開き、花糸もツバキが白に対し、ユキツバキは黄色である。葉もヤブツバキが鋸歯が波状であるのに、ユキツバキでは鋸歯が鋭いなどで区別できる。園芸品種では花弁がまわりにつく一重型、花弁が多い八重型、雄しべまたは葯が完全に花弁状になる唐子型、花弁が互いに抱き合って開かない宝珠咲などに分けられるが、外国からの里帰り（洋種）でより色彩が多様になっている。中にはバラかと思えるものさえある。洋種

ユキツバキ（滋賀と福井の県境・大黒山）

と呼ばれているが、日本原産なのだから「洋種」というのもおかしい。高知や鹿児島には果実が直径五〜七センチにもなるリンゴツバキがある。果実は本当に小さなリンゴである。

『古事記』に磐之比売《いわのひめ》（仁徳天皇皇后）と『日本書紀』に雄略天皇皇后のツバキの歌があり、古くから愛でられた神聖な樹木である。ヤブツバキの花は普通鮮やかな紅色だが、野生にも白花がある。大和の国吉野から白花のツバキ（海石榴）を春三月、天武天皇に献上したとある。

ツバキの仲間には、サザンカ、ヒメサザンカ、ツバキとサザンカの交雑種とされるハルサザンカなどがあり、近縁のチャとの雑種もあるという。材は堅く器具に、種子からは油を搾り頭髪用、灯用、また食用油とする。

ツバキの園芸品種は日本種でも二千種、洋種ではさらに多く四千種、サザンカにも三〇〇種もあるとされる。カラーのツバキ図鑑をみるとたくさんの品種が並んでいるが、よく似た品種も多く同定には迷ってしまう。問題の一つは同じ品種なのにちがった名がつけられていること、社寺によってちがった名で呼ばれることだ。たとえば、京都の日光は江戸で紅唐子《べにからこ》、尾張では紅卜伴《べにぼくばん》、京都の石橋《しゃっきょう》は江戸で太神楽《だいかぐら》、玉兎は白菊、侘助《わびすけ》は胡蝶《こちょう》侘助、有楽は太郎冠者、黒侘助は永楽とも呼ぶといったことだ。

ツバキは初秋に咲く早咲のものから遅く五月に咲くものまで品種が多いだけに開花期間は長い。しかし、個々の社寺で咲く品種の花期はほぼ決

リンゴツバキの実

まっており、わずかの日にちを過ぎて見学に行ってもすでに盛りを過ぎていることがある。それよりも一般公開していないところ、期間を限って公開しているところもあり、たくさんの名椿のある京都のツバキ探訪はとても数年ではできない。

古い都、また戦災を免れたことからも御所、門跡・尼門跡寺院をはじめ、各社寺には天皇・貴族、茶人、武士、高僧、文人などのお手植え・遺愛など関わりのあるツバキ、名椿・巨木といわれるものがたくさんある。とくに、茶花として珍重され、茶道では茶席に生けられた。室町、桃山文化を支えた茶の湯を仲立ちとしてツバキが保存され、また新しい品種がつくりだされた。京都の文化をも支えたのである。

中でも古くから胡蝶侘助が珍重された。花は一重、小輪で雄蕊が退化している。これでは種子はできない。挿し木によって同じものはつくりだせるが、どうしてこの侘助ができたかだ。侘助の親株に太郎冠者（関西では有楽）というのがあり、これはまれに結実する。これと中国産ツバキの雑種を起源とするものと、ヤブツバキの突然変異に起源をもつものがあることがわかってきた。実をいうと、私はこの胡蝶侘助よりも満開のヤブツバキの方が好きだ。わび・さびをわかっていないということだろう。

渡辺武（文）・土村清治（写真）『京椿』、渡辺武（文）・水野克比古（写真）『京椿』、水野克比古『京都花名所』など、京都の椿の案内書は多い、これ

シロヤブツバキ

らを持って回られたらいい。
霊鑑寺《れいかんじ》（谷の御所）には京都市指定天然記念物の日光《じっこう》の他、月光《がっこう》、霊鑑寺散《ちり》、舞鶴、衣笠、蝦夷錦《えぞにしき》、縮緬、嵯峨、曙などたくさんの品種がある。伏見大手筋の名水百選の第一号に選ばれた「御香水」のある御香宮《ごこうのみや》神社の「おそらく椿」は伏見奉行の小堀遠州が「おそらくこれほどみごとな椿はあるまい」といったという伝説のつばきであるが、これも五色散り椿だともいわれる。

このほか、名椿といわれるものは、高台寺《こうだいじ》塔頭《たっちゅう》月真院《げっしんいん》に信長の実弟織田有楽斉《うらくさい》が好んだ有楽、寺の内・妙蓮寺《みょうれんじ》に早咲きの妙蓮寺椿、大将軍・椿寺《つばきでら》（地蔵院《じぞういん》）の五色八重散り椿は、文禄の役の後、加藤清正が朝鮮よりもちかえり秀吉に寄進したと伝えられるもので樹齢四〇〇年とされていたが枯死し、後継の接ぎ木が前庭に育っている。

宝鏡寺《ほうきょうじ》（百々《どど》御所・人形寺《にんぎょうでら》）に熊谷（肥後椿の原木）、玉兎《たまうさぎ》、村娘など、等持院《とうじいん》に有楽（ここでは侘助と呼ばれる）、林丘寺《りんきゅうじ》に後水尾天皇遺愛の白侘助、詩仙堂《しせんどう》に丈山椿、法然院《ほうねんいん》本堂中庭に東より散椿、貴椿《あてつばき》、花笠がある。ここではツバキを二十五菩薩にかたどって散華《さんげ》する。

大徳寺《だいとくじ》本坊南庭は特別名勝史跡でここに日光、白玉椿、高桐院《こうとういん》に雪中花、天津乙女、瑞峯院《ずいほういん》には加茂本阿弥、総見院《そうけんいん》には千利休遺愛とも豊公遺愛ともいわれる胡蝶侘助は市指定天然記念物、西京極中町の長福寺《ちょうふくじ》には

妙蓮寺の「妙蓮寺椿」

霊鑑寺の「日光」

分布：青森県から沖縄・八重山まで広く分布する

光格天皇命名の石橋、白雲、菱唐糸《ひしからいと》、小式部などがあり、椿寺として知られていたが椿花の散華などの行事も途絶えているようだ。

御寺御所の大聖寺《だいしょうじ》に侘助、玉兎、白玉《しらたま》、宇治・平等院《びょうどういん》に唐椿、平岡《ひらおか》八幡宮に白椿の一水、白玉椿、平岡八幡藪椿、今宮《いまみや》神社のユリツバキ、神代椿、祇王寺《ぎおうじ》に薄墨椿、金閣寺《きんかくじ》（鹿苑寺《ろくおんじ》）に後水尾天皇お手植えとされる胡蝶侘助、粟田《あわた》神社に白い花の名月、西賀茂の西方寺《さいほうじ》に利休遺愛の五色八重散り椿、下鴨《しもがも》神社に儀雪がある。しかし、花がぽとっと落ちる様が首が落ちるようだともされ、禁忌として城内には活けなかったともされる。ヤブツバキでは法然院《ほうねんいん》がきれいだ。

しかし、各社寺の名椿も老齢化・排気ガスなどでの枯死、神官・住職の交代などでの資料の散逸やラベルの破損などで、どれが貴重な品種なのかわからなくなっているところもある。一方で、門外不出といったことで一般公開しておらず、間近かでみせてもらえないものもある。京都園芸倶楽部では毎年三月末、京都府立植物園で「ツバキ展」の開催を続けていて、有名社寺の名椿といわれるものが集められ展示される。

椿餅はツバキの葉に漉し餡を白い道成寺で包んでのせたものだが、やはり春のものだ。生のツバキの葉の先端と葉柄を切り落としている。

奈良・薬師寺の造花のツバキ

テイノキ（梩）（トウヒ　唐檜）

Picea jezoensis = Picea jesonensis var. hondoensis　マツ科

かつて、比叡山延暦寺《えんりゃくじ》根本中堂前に石組みがあり、そこにテイノキとされた一本の木が植えられていた。寺伝によると伝教大師最澄が在唐時、天台山香炉峰で手に入れ持ち帰ったとされる樹木だ。しかし、高さはせいぜい五メートル程度の若いものだった。一九六〇年代のこと、私自身でこれをみている。実はもともとあった古木は大正七年（一九一八）の暴風雨で倒れたのだが、これは高さ一二・四メートル、周囲長一・五メートルであったという。枯死したものが球果を着けていたので、教王寺住職の錦慈舜氏が実生を得、その一本を新しくここに植え、もう一本を宿院の前庭に植えたとされる。上原敬二『樹木大図説』にはこれはアカエゾマツの変種テイノキとし、元の木が枯れたあと天台道士杉浦重剛氏が取り木をしてあったので、それを移植し後継樹としたとある。

この木については、古くは京都の本草家稲生若水《いのうじゃくすい》が『詩経小識《しきょうしょうしき》』（一七〇九）の中で、これはニレモミ、小野蘭山は『花彙《かい》』（一七六五）でトウヒだと述べているという。植物学者白井光太郎はテイノキは日本のものでなく外来のトウヒ属のもの、牧野富太郎も日本産のものでないとし新種（Picea tei）としたが、記載を伴った発表はなかったようだ。北村四郎

延暦寺根本中堂

は『比叡山—その自然と人文—』（京都新聞社）の中で本種はトウヒだとし、大峰山か日光あたりから持ち込まれたのであろうとしている。トウヒにとくに仏教との関係はないらしい。最近、このテイノキを確認に行ったら「枯れてしまいました」といわれ、その存在を示すものは何もなかった。

トウヒはこれまでエゾマツ（P. jesoensis）の本州産変種（var. hondoensis）（ニッコウモミ、ニレモミ）とされ、樹皮は赤褐色、葉がエゾマツより短く、鈍頭で尖らないとされていた。エゾマツは北海道、樺太、南千島、カムチャツカ、沿海州、中国東北部、朝鮮などに広く分布するもの、トウヒは本州の日光、中部山岳、紀伊半島（大峰・大台山系）に分布するものとされてきた。しかし、両者は明確に区別できないとして、最近はトウヒとして扱っている。トウヒの幹は直立し、高さ四〇メートル、直径一メートルにもなるとされているので、延暦寺で枯れたものも、とても千年を超えたものではなかったであろう。

それはともかく、トウヒ自体がもともとわが国にあったのだから、唐のヒノキ（唐檜）などとしなくてもよかったはずだ。実際、ニッコウモミ、ニレモミ、シラモミ、トラノオ、ウラジロ、マツハダといったたくさんの方言・地方名があった。同様に、カラマツも木曽、志賀高原、富士山、尾瀬など中部地方に自生するのだから、これも唐のマツ（唐松）というのもおかしい。これにも富士山でフジマツ、日光でニッコウマツなどの地方名

トウヒ（テイノキ）

があった。

トチノキ（栃・橡）

Aesculus turbinata　トチノキ科

山地の川沿いに自生する落葉高木、京都でも鞍馬《くらま》・貴船《きぶね》から奥の花背《はなせ》・広河原などを歩けばトチノキをみることができるが、市内の社寺には少ない。葉は対生、長い葉柄のある手を広げたような大きな掌状複葉、小葉は五〜七個、初夏にコーンカップに入ったソフトクリームのような花をつける。花は大型で紅色を帯びた白、新葉を包んだ冬芽はねばねばだ。花は多くの蜜を含み栃蜜を採る。蒴果は大きな球形で三裂する。種子は光沢のある黒褐色、灰汁をとり栃餅をつくる。鞍馬・貴船に「栃餅」がある。

トチノキには大師栗・弘法栗、あるいは苦栗の名がある。これは空腹の中、行脚の若き日の弘法大師（空海）が栗を煮ていた老婆にそれを所望したところ「これは苦くて食べられない」といって与えなかった。それ以来、栃の実が苦くなったのだという。修行中の若き日の弘法の仕業である。サトイモの仲間で大きな葉のクワズイモにも似た話がある。

材はきれいな杢（栃杢）がでるので家具、彫刻などに利用する。蕎麦粉

トチノキの花

をこねるこね鉢にもトチノキでつくったものが最高だともいう。福井県鳥浜遺跡から出土した盆や鉢もトチノキを使っているという。栃餅づくりの原料、栃蜜、そして栃杢のでる有用材として、どこでも大切に残されてきた。「栃植える馬鹿、栃伐る馬鹿」ということわざがある。植えても実がつくまで長い年月のかかるトチを伐るなという戒めである。

セイヨウトチノキ（マロニエ）（A. hippocastanum）はギリシャや中央アジアの原産であるが、パリなどヨーロッパの街路樹として植えられている。日本にもこのセイヨウトチノキを植えているところがある。果実に棘のあること、花弁がトチノキは四枚に対し、セイヨウトチノキは五枚であることで区別できる。

マロングラッセは大きなクリを砂糖煮し、表面に薄く糖衣をかけた人気のお菓子だが、これはマロニエからつくっていると誤解されている方がいる。マロニエは先に述べたようにトチノキの仲間、栃餅をつくるときも長く流水につけ灰汁をとらないと食べられない。パリのマロニエの実の灰汁を取り、マロングラッセをつくることはない。フランス語ではマロニエにはマロンダンドという言い方もあるそうで、そのことで誤解が生じたのかも知れない。マロングラッセにはヨーロッパグリ（Castanea sativa）、それも改良品種でイガの中に一個だけが大きくなるものが使われているという。

マロニエの実

栃の実

鞍馬山の天狗像は団扇《うちわ》をもっている。どうみてもトチノキの葉にみえる。鞍馬寺の紋章もこのトチノキの葉に似ているので、尋ねたことがあるが、これは菊の花を縦に切ったものだと伺った。大原街道を大原から途中峠を越えたところに途中の集落がある。「向こうから来るあのバス、どこまで行きますか?」、「滋賀県の途中までです」、「えっ、終点まで行かないんですか」、こんな会話は実際には起らないのだが、それでも大原街道を知っている人でないと、この意味がわからないであろう。実はこの途中という地名も、もとは栃生だったといわれる。トチノキが生えていたのだろう。トチノキはユズの里水尾の清和《せいわ》神社（清和天皇社）、貴船《きふね》神社奥宮、雲ケ畑・厳島《いつくしま》神社などにある。北野《きたの》天満宮境内の文子《あやこ》天満宮にもあるが大きくない。

分布：北海道・本州・四国・九州

清和天皇社のトチノキ

ナギ（椥・竹柏・梛）

Podocarpus nagi = Decussocarpus nagi　マキ科

常緑の高木、雌雄異株、葉は対生、葉身は長楕円形、ベンケイナカセ、チカラシバ、センニンリキなどの名をもつ。実際、葉は捻れば簡単に切れるが、水平には両手で力いっぱい引張っても切れない。武蔵坊弁慶も悔しがって泣いたというのもなるほどと納得する。葉は引張っても切れないことから、夫婦の縁の切れないことを願って昔は鏡の裏にこの葉を彫刻したという。

分布は本州（山口）、四国、九州、沖縄、台湾、海南島とされているが、図鑑によっては式根島、八丈島、本州（伊豆半島・紀伊半島）が入っている。熊野神社ではこのナギに熊野権現の神霊が宿るとされ、各地にある熊野神社では、航海の安全を祈ってナギを植えているところが多い。海が「凪ぐ」ことを祈ったのである。船魂《ふなだま》さまへもナギの葉を添える。『平家物語』では鹿ヶ谷事件で鬼界が島に流された丹波少将平康頼入道・藤原成経が都へ帰りたいと日々熊野権現に祈り続けたところ、ある夜、二枚のナギの葉が飛んできて二人の着物のたもとに入った。そこには「千はやふる神にいのりのしるければなどか都へ帰らざるべき」と書かれていて、その後二人は許されて都へ戻ることができたとされる。

昔、熊野詣の人々は南紀・印南《いなみ》町の切目王子《きりめおうじ》でナギの枝葉を身につけ熊野三山へ向かったとされるが、これは熊野権現が天降られたのが、ここ切目のナギだったとされ、熊野大社の神木となった。ここには紀州藩主徳川頼宣お手植えとされる大木があるようだ。新宮市の熊野速玉《はやたま》大社のものは平重盛が植えた、湯浅町施無畏《せむい》寺のものは京都栂尾高山寺《とがのおこうさんじ》からやってき

春日大社境内のナギ林

た明恵《みょうえ》上人が植えたとの言い伝えの巨木があり、天然記念物に指定されている。この他にも南紀にはナギの大木は多いのだが、紀伊半島のものも自生でなく植栽されたものが野生化したものだともされる。熊野本宮《ほんぐう》大社のお守りにはナギの種子がはめ込まれている。新宮市内の街路樹がナギである。

奈良・御蓋山《みかさやま》西南斜面の春日大社境内の純林状のナギ林は、大正一三年（一九二四）に国の天然記念物に指定されている。この春日大社のナギについても自生か献木かについては古くから論議があったが、現在では献木、それも古いものであろうと考えられている。多くの天然記念物が消滅、あるいはその恐れがあるとされる中で、このナギ林は拡大し、現在では春日大社のご神体である御蓋山全体を覆っている。このことは一面では喜ばしいのだが、新葉の緑も秋の紅葉もない、変化のないご神体になっている。元のように四季の変化のある御蓋山の方がいいのではといった意見もあるらしい。春日大社では一の鳥居にはこのナギを立てるなど、儀式に使っているし、昔はこの種子から油を絞り、神燈に使ったという。

私もここのナギ林の調査をしたことがある。大きなものでは直径五〇センチもあった。年輪を数えてみると直径一一・二センチで一〇六年、一一・五センチで一一六年も経過していることがわかった。直径一センチに一〇年を要していた。幼時の生長はきわめて遅いようである。

熊野若王子神社のナギ

ナギの果実

大津市伊香立途中《いかだち》の還来《もどろき》神社の枯死したナギは大きかった。株だけが残されている。京都には洛中熊野三山として熊野若王子《くまのにゃくおうじ》神社、熊野《くまの》神社、新熊野《いまくまの》神社がある。若王子《にゃくおうじ》神社は永観堂《えいかんどう》（禅林寺《ぜんりんじ》）の守護神であったが参道の石橋の両側に京都でもっとも大きいとされるナギがあり、明暦二年（一六五〇）吉良家よりの寄進とされる。ここではナギの葉の入ったお守りを授けている。悩みごと、災いを「なぎ倒す、なぎ払う」という。熊野神社には大木はないが若い木はたくさんある、新熊野神社（梛宮・椰宮）には本殿の両脇に神木として、また境内には若木がたくさん植えられている。ここでは玉串はサカキでなくナギであったが、残念ながら造花だった。元祇園梛神社《もとぎおんなぎ》では木製の小さな丸い球をご神木のナギに吊るす。この他、下桂《しもかつら》・御霊《ごりょう》神社（区民の誇りの木）、カキツバタで有名な上賀茂《かみがも》神社の摂社大田《おおた》神社、白峯《しらみね》神宮、西院・春日《かすが》神社摂社の還来《もどろぎ》神社、石清水《いわしみず》八幡宮などにもある。

ナツツバキ（夏椿）（サラノキ・シャラノキ・沙羅・沙羅双樹）

Stewartia pseudo-camellia　ツバキ科

落葉高木で、樹皮は滑らかで赤みを帯び、薄片となって剥げ落ち、赤褐

元祇園梛神社の木製の玉

新熊野神社のナギの玉串

色の独特の斑紋ができる。樹皮が剥がれ、鹿の子模様になる。夏、ツバキに似た大きな白い五弁の花をつける。インドのサラソウジュ（サラノキ・シャラノキ）（沙羅・沙羅双樹）（Shorea robusta）との類縁関係は遠いのだが、ナツツバキの花は朝早く咲き、それが夕方には落ちる。ツバキに似た白い花がぽとっと落ちるさまが諸行無常を感じさせるというので、この名がついたらしい。「夏の椿」もいい命名だ思う。しかし、園芸品種のナツツバキは小さな花が鈴なりについていて、ちょっと諸行無常の心境にはなれない。

サラソウジュ（サラノキ）とはインド・ネパールに分布し、ヒンドゥ語・ベンガル語でサル、サンスクリット語でサラと呼ぶフタバガキ科の樹木で、ベニア板・合板で知られるラワン（メランティ）の仲間である。インドのベンガル州やビハール州では純林状のところもあるごく普通の樹木だった。この葉を小さな竹片でとめて葉皿を作り、この上に食べ物をのせていた。

釈迦（釈尊）がクシナガラ（クシナーラ）に向かう途中で入滅したとき、二本の（二対、東西南北に一本ずつ、四本ともされる）沙羅双樹の間で頭を北に向け右腋腹を下にして涅槃に入ったとされる。このとき、沙羅双樹が白鶴のようにまっ白に変わった、あるいは花が悲しみのあまり白色に変化し、次々と落下して釈迦を覆い隠してしまったとされる。これは二

ナツツバキの花

サラソウジュ

月一五日のことであったとされ、この日、寺院では涅槃図を掲げ涅槃会を催す。寺院での最大の行事の一つである。

このサラソウジュは京都府立植物園の温室にもあるが、琵琶湖畔の草津市水生植物園温室では毎年、三月上旬に花を咲かせている。野外では山科の日本新薬薬用植物園にあるがビニールシートで囲っているものの冬には地上部は枯れ、春に伸びることを繰り返している。ここにはインドボダイジュ、ムユウジュもある。京都にも野外に植えられて生きているものがある。

妙心寺《みょうしんじ》塔頭東林院《とうりんいん》では「沙羅の花を愛でる会」が催される。比叡山・延暦寺《えんりゃくじ》西塔浄土院伝教大師廟の向かって左にボダイジュ、右にナツツバキの大きなものがあるが先端が枯れている。

この他、東寺《とうじ》観智院《かんちいん》、霊鑑寺《れいかんじ》、真如堂《しんにょどう》（真正極楽寺《しんしょうごくらくじ》）、城南宮《じょうなんぐう》神苑などにもある。ナツツバキに近縁のヒメシャラ（S. monadelpha）が伏見《ふしみ》稲荷《いなり》大社の十石橋から上、参道沿いに何本かある。廣江美之助『京都　祭りと花』ではこれを自生としているが、大木でもないこと、参道近くにあることから、献木だろう。すでに数本が開花している。近畿地方では大峰・大台ケ原、高野山など、紀伊半島南部のそれも標高の高いところに自生するものだ。

分布：本州（新潟・福島以西）・四国・九州・朝鮮

ナツツバキ（延暦寺西塔浄土院伝教大師廟）

ハクショウ（シロマツ　白松・白皮松）（サンコノマツ・三鈷松）

Pinus bungeana　マツ科

中国北部原産。樹皮は平滑、緑灰色で大きな破片として剝皮・落下する。とても、マツの樹皮とは思えないもので、幹だけみれば広葉樹と思ってしまう。葉は三葉、マツ葉の基にあるはかま（葉鞘）がなく、幹の下部から枝分かれし、多幹になるのも特徴だ。中国でも神聖な樹木とされ、庭園・寺院などに植えられている。北京の紫禁城（故宮）にもある。種子は大きく「松の実」として食用にもなる。

三鈷とは修行において煩悩・魔を打ち砕く法具で、両側に三本のつめ（鈷）がある。智恵、慈悲、真心を表すとされている。弘法大師空海像が手に持っている仏具だが、もともとはインドの武具だったという。空海が留学先の唐から帰国の前、伽藍建立の地を占うために日本へ向かって投げた三鈷が高野山のコウヤマキにひっかかり光を放っていた。それを探していた空海がみつけ、高野山に伽藍を建てることを決めたとされる。同じような話は四国八十八ヵ所のお寺にもある。

その三鈷に関連するマツが高野山の金堂と御影堂の間にある。現在のものは直径三〇センチ、高さ一五メートルくらいで、柵の中に二本ある。一本は樹皮が赤くアカマツのようで、針葉も二本（二針葉）である。もう一

高野山の三鈷の松

ハクショウ樹皮

本は樹皮が黒く、まちがいなく葉は三葉、球果が枝分かれしたところについている。これを「三鈷の松」といっているが、これは中国産のハクショウ（白松）ではない。ハクショウは先にも述べたように樹皮は緑灰色で、まだらである。

　高野山に現在植えられているものはハクショウではなく、アメリカ・アパラチア山脈南部に分布する三葉のリギダマツ（P. rigida）のように思った。リギダマツは白峯神宮でも神木とされている。双方で、いつ、どこからもってきたのか聞いたのだが、わからないといっていた。鞍馬本殿金堂前にも三葉のマツがある。これもリギダマツと思ったが、ラベル・由来が書いてなく、誰も落ち葉を拾っていない。上賀茂神社一の鳥居に並んで北側にアカマツをはさんで大きなマツが五本ほど立っている。これもアカマツとはちがう樹形だし、たくさんの球果をつけている。葉は三葉だ。明らかに外国産マツで、これはアメリカ原産のテーダマツ（P. taeda）である。

　日本には化石としては三葉のオオミツバマツなどが出現するが、現生のものはない。といいながら、実は日本にも三葉のマツがある。ミツバアカマツ（P. densiflora f. subtrifoliata）というアカマツの変種で、しばしばが三葉がでる。群馬・栃木県境の袈裟丸山《けさまるやま》で発見されたという。これは琵琶湖西岸（湖西）の北小松付近にもある。クロマツでもミツバノマツは三葉がでるとされ、珍しいので盆栽として栽培されている。高野山の「三鈷

藤森神社のハクショウ

永観堂のダイオウショウ

の松」とされるアカマツも、この変種であったのかも知れない。すべての葉が三葉でなく、時々、あるいは若いときに三葉が出やすいのである。そんなものを植えたのではないかと思っている。高野山の三鈷の松、すなわち、リギダマツと思われるマツの落ち葉はきれいに拾われているが、二葉のアカマツの落ち葉は誰も拾っていない。高野山参拝者にこの三葉のマツの入ったお守りが授けられている。

菖蒲の節句の発祥の地とされ、舎人親王を祭神とする藤森《ふじのもり》神社の本殿右にクスノキ、左に四本に枝分かれした「三鈷の松」がある。これはまちがいなくハクショウだ。昭和一〇年頃、京都十六師団長が就任記念に寄進したという。これは朝鮮からもたらされたものだとされる。すでに喜寿だが、生長は遅いようだ。

橋本関雪画伯の旧邸白沙村荘にもある。城南宮《じょうなんぐう》では「三子の松」としているが、まだ小さい。みかえり阿弥陀像で知られる永観堂《えいかんどう》（禅林寺《ぜんりんじ》）にも「三鈷の松」とされるものがあり、阿弥陀堂への途中に斜めにすっくと立っている。三葉であるが、樹皮が荒く亀甲状の割れ目がある。大木で葉の長さも約三〇センチもある。これも中国原産のハクショウでなく、アメリカ東南部原産のダイオウショウ（大王松）（P. palustris）である。ここでは参拝者に縁起物として、この葉をお土産に渡している。ここの諸堂入口前に小さなものだが本当のハクショウが一本ある。大覚寺《だいかくじ》多宝塔（心経

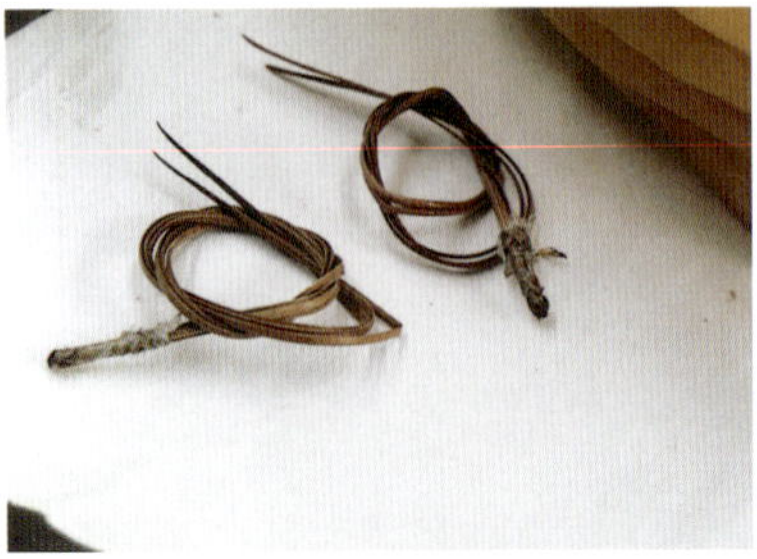
永観堂のお守り

大覚寺のダイオウショウ

宝塔）前の一対の大きなマツ、車折《くるまざき》神社にも大きなものがあるが、これらもダイオウショウである。

ハナノキ（ハナカエデ　花楓）　*Acer pycnanthum*　カエデ科

直径一・六メートル、高さ二〇メートルにもなる落葉高木、葉は三裂し、不ぞろいな鋸歯がある。ちょっとトウカエデに似ている。雌雄異株。花は四月、濃い紅色で葉の展開に先立ち枝先に密生して咲き、きれいなものである。化石は和歌山・愛知などでも発見されているが、現存の分布は美濃、三河、近江、信濃南部の狭い地域に限られている。環境省の絶滅危惧Ⅱ類。

北アメリカに近縁のアメリカハナノキ（A. rubrum）があり、一時はこの変種とされたこともある。愛知県の県木。滋賀県東近江市北花沢と南花沢八幡神社のものは、聖徳太子お手植えとも伝えられ国指定の天然記念物であるが、これも古くに植栽されたものらしい。両方とも雄木である。奈良・大宇陀の森野旧薬園の大木も知られたものだ。

有名な涅槃図のある洛東・真如堂《しんにょどう》（真正極楽寺《しんしょうごくらくじ》）の池の近くにある大

半木神社のハナノキ

きなもの二本は高さ一〇メートル、幹周一・六メートル、石柱に昭和四年植栽とある。木曽福島から京都府立植物園に移植し、この年、昭和天皇即位記念に植栽したという。ここにはこれより小さいが一〇本ほどのハナノキがある。知恩院三門に続く正面石段を上がったところに一本、京都府立植物園内の半木《なからぎ》神社にも大きなものが二本ある。

社寺ではないが、京阪電車山科駅前の広場にハナノキが一〇本ほど植えられている。

ヒイラギ（柊）

Osmanthus heterophyllus　モクセイ科

暖地の森林内に普通にある常緑小高木、葉は対生、卵形あるいは長楕円形で縁に棘状のするどい鋸歯をもつ。雌雄異株、秋に芳香を放つ小さな白い花をつける。触ると「疼（ひひらぐ）」ことからヒイラギとついたという。しかし、この鋭い鋸歯は老樹になるとなくなる。「歳をとって丸くなる」といわれるのも、このことに由来するのだろう。漢字では木編に冬、柊である。ちなみに、木偏に春は椿（ツバキ）、夏は榎（エノキ）、秋は楸（キササゲ）である。

ヒイラギ

古来より邪気を払う樹木とされ、『古事記』にも日本武尊《やまとたけるのみこと》が東征の際「比比羅木の八尋の矛」を賜ったとされる。最近、節分の日の恵方巻きは人気だが、ヒイラギの枝にイワシの頭を挿したものを玄関におく風習はほとんど衰えてしまった。といっても、平安時代はイワシでなくナヨシ（ボラ）だったという。

下鴨《しもがも》神社の楼門近くにある摂社出雲井於《いずもいのへの》神社（比良木《ひらき》社）（三四頁）は「柊《ひいらぎ》さん」と呼ばれ、疱瘡の神で願がかなったお礼に任意の木をここに植えておくといつのまにかヒイラギになると伝えられる。現在はチャがたくさん植えられているが、棘はまだでていない。

ヒイラギモクセイはヒイラギとギンモクセイの雑種だとされる。花は一〇月に咲き、いい香りがある。クリスマスツリーに飾られる赤い実のヒイラギはヨーロッパ原産のモチノキ科のセイヨウヒイラギ（ホリー、イングリッシュ・ホリー）（I. aquifolium）か、北アメリカ原産のアメリカヒイラギ（I. opaca）、あるいは中国原産のヒイラギモチ（シナヒイラギ）（I. cornuta）である。

分布：本州（関東地方以西）・四国・九州・沖縄・台湾

ヒトツバタゴ（ナンジャモンジャノキ）

Chionanthus retusus　モクセイ科

落葉高木、雌雄異株。大きなものでは直径七〇センチ、高さ三〇メートルにもなる。タゴとはトネリコのこと、葉がトネリコとちがい単葉なので「一つ葉タゴ」とついたという。珍しい樹木なので、ナンジャモンジャノキとも呼ばれる。分布は本州（愛知・岐阜）と対馬に隔離分布し、朝鮮・台湾・中国にもある。花は五月上中旬、枝の先に白く細い四片の円錐花序をたくさんつける。

ナンジャモンジャノキと呼ばれる樹木はこのヒトツバタゴの他にも、いくつもある。地域によってはアブラチャン、カツラ、イヌザクラ、バクチノキ、チシャノキ、アサダ、マテバシイ、ホルトノキ、イスノキなどもナンジャモンジャと呼んでいる。その地域でなじみのない樹木、誰も名前を知らないといったことだったのだろう。このヒトツバタゴも花が咲けば人目を惹くものだが、葉だけを見てヒトツバタゴとわかる人は少ないはずだ。

モクセイ科の樹木にはキンモクセイ、ヒイラギのように芳香をもつものが多いのだが、本種には香りがない。五月初旬の開花期に分布地の対馬へ行ったことがあるが、夜になると韓国釜山の灯が見えるという北端の鰐浦

ヒトツバタゴ（京都府立植物園）

伏見稲荷大社のヒトツバタゴ

などでは山肌を真っ白く染めていた。ここではナタオレノキとも呼ぶようだ。材が堅いためだが、ナタオレノキは本書でも述べたシマモクセイの別名でもある。

伏見稲荷《ふしみいなり》大社神楽殿の西側、城南宮《じょうなんぐう》神苑などにあるし、久世築山の祥久橋の道路の街路樹としても植えられているが、まだ若い。

ヒノキ（檜）

Chamaecyparis obtusa　ヒノキ科

常緑の針葉樹の高木、樹幹は通直、材は木目も美しく芳香をもつ。建築、また器具材として使われ、樹皮も社寺の檜皮葺《ひわだぶき》に利用される。スギと並ぶ重要な造林樹種で、スギより耐久性に優れ高価である。ヒノキに檜（桧）の字をあてているが、これは中国ではイブキ（ビャクシン）のことだという。語源は「火の木」、この木をこすり合わせ火を起したとか、葉を火に入れると勢いよく燃えるからとされる。スギにくらべ生長が遅い、それだけ年輪が密で強度がある。

五重塔など巨大建築はやはり強度・耐久性のあるヒノキでないといけない。伊勢《いせ》神宮では遷宮のためのヒノキは木曽から運ぶとともに、伊勢の神

木曽ヒノキ林

宮備林でも調達できるように育てている。五重塔では東寺の五重塔がもっとも高く、次いで興福寺《こうふくじ》、醍醐寺《だいごじ》、薬師寺《やくしじ》東塔だとされている。この芯柱はどこもヒノキの大木らしい。

薬師寺の東塔・西塔は天平年間に創建されたとされるが、西塔は享禄元年（一五二九）に焼失、一九八一年に再建されたが、その芯柱にはヒノキの変種、タイワンヒノキ（台湾偏柏）（C. obutusa var. formosana）やベニヒ（紅檜）（C. formosensis）が使われている。国内にすでにヒノキの大木がなく台湾から輸入したのである。大きくてそのまま運べなかったので、四つに伐って運び、それを繋げているとされる。その芯柱は五重塔の中で地面につかずぶら下がっているという。これが免震の役目をするらしく、東京スカイツリーにも応用されているそうだ。しかし、台湾でも枯渇により現在はタイワンヒノキは輸出禁止になっている。

そこで目をつけたのが、中国南部からインドシナ半島にあるヒノキ科のラオスヒノキ（フッケンヒバ）（Fokienia hodginsii）である。これが社寺建築用のヒノキとしてベトナム・ラオスから輸入された。

建築では大きいものの第一が雲太《うんたい》（出雲国城（杵《き》）築《つき》明神・出雲《いずも》大社）、第二が東大寺大仏殿、第三位が平城宮大極殿だったとされるが、出雲大社で発見・確認された宇《う》豆《づ》柱《ばしら》はスギの巨木三本をたばねたもの、その直径は二・七メートルであったという。大きなヒノキが手に入らなかったのだ

ベニヒ（台湾宣蘭神木園）

山科・毘沙門堂のヒノキ

ろう。それでもスギと聞いて意外だった。

天台宗門跡寺院の山科・毘沙門堂《びしゃもんどう》の石段付近にあるヒノキは何の指定もされていないが立派だ。北白川《きたしらかわ》天神宮石段下の一対のヒノキも大きい。嵯峨・野宮《ののみや》神社、大田《おおた》神社、善峯寺《よしみねでら》などにも大きなものがある。とはいえ、スギに比べれば大木は少ない。

分布：本州（福島以南）・四国・九州・屋久島

ボダイジュ（菩提樹）（シナボダイジュ　支那菩提樹）

Tilia miqueliana　シナノキ科

寺院に植えられているボダイジュ（菩提樹）は中国原産の落葉高木で、葉は心形あるいは三角状卵形、花は六月に咲き淡黄色、香りがある。これから採った蜂蜜もある。花のあと、特徴ある狭い舌状の苞葉が下向きにつく。これにつく果実は苞葉ごと飛んでいく。この果実で数珠をつくるともいう。

インドボダイジュ（テンジクボダイジュ）（印度菩提樹・天竺菩提樹）（*Ficus religiosa*）（クワ科）が本当の「菩提樹」なのだから、中国から渡来のボダイジュはシナボダイジュとかトウボダイジュとかにすればよかっ

北白川天神宮社のヒノキ

ボダイジュの花

たのに、本当のボダイジュが「インドの菩提樹」といわれてはかわいそうにも思う。同様に、日本にも近縁のシナノキがあるが、北日本に分布し、葉の大きなものをオオバボダイジュといってはちょっと混乱する。

ゴータマ・シッダールタ王子、のちの釈迦（釈尊）はインド、ビハール州のブッダガヤー（ボードガヤー）のこの菩提樹（インドボダイジュ）の下で三五歳の時、四九日間の苦行ののち悟りを得たとされる。英名はボー・ツリーあるいはピーパル・ツリー、中国では思惟樹、覚樹という。もともとインド原産の樹木であるが、東南アジア各地に広く植栽されている。

この本物のインドボダイジュが関西にも何ヵ所かある。西宮市鳴尾の兵庫医科大学構内のものは大木だ。少し小さなものは大阪天王寺区上本町の正祐寺《しょうゆうじ》にある。京都山科の日本新薬薬用植物園のものは冬は地上部は枯れるが、毎年、葉をだしている。興正寺《こうしょうじ》の南、興正寺会館の前にも一本ある。これも毎年、新しいきれいな葉がでている。

なぜ、インドボダイジュの代わりに中国のシナボダイジュを持って来たのだろう。共通するところは双方の葉の先端が尖り長く伸びていることだ。これを滴下尖端という。熱帯樹木の特徴の一つで、雨を早く落とす仕掛けだと考えられている。傘の骨の先が傘から突き出ているのと同じ仕掛けだ。

兵庫医科大学のインドボダイジュ（西宮市）

ボダイジュは栄西禅師が仁安三年（一一六八）、中国・天台山から持ち帰り比叡山・延暦寺《えんりゃくじ》に植えたのがはじまりとか、宋船に託し福岡県香椎《かしい》神社に届けたものが最初ともされる。延暦寺には東塔鐘楼（已講坂）、根本中堂、西塔浄土院などにあり、大師御廟にはナツツバキと一対で植えてある。建仁寺《けんにんじ》の護国院（開山堂）にもあるものも栄西が宋からもって帰ったものともいわれるが、現在は切り株から萌芽したものが株立ちしている。永観堂《えいかんどう》（禅林寺）阿弥陀堂のものはもっと古く、宗叡僧正が唐から帰朝の際（貞観九年・八六七年）請来したものが、享保五年（一七二〇）枯死し、その根元より萌芽したとされる。

この他、鞍馬寺《くらまでら》にもあるが、これは唐招提寺《とうしょうだいじ》から贈られたものだという。真如堂《しんにょどう》（真正極楽寺《しんしょうごくらくじ》）のボダイジュは区民の誇りの木に指定されている。ここでは実が二つ以上ついているものを財布に入れておくと、お金が貯まるという言い伝えがあるそうだ。大原問答で知られる大原・勝林《しょうりん》院《いん》、金戒光明寺《こんかいこうみょうじ》、法然院《ほうねんいん》、鹿苑寺《ろくおんじ》金閣、浄福寺《じょうふくじ》、智積院《ちしゃくいん》、印空寺《いんくうじ》、建《けん》仁寺《にんじ》摩利支天禅居庵《ぜんきょあん》、伏見区日野の法界寺《ほうかいじ》（日野薬師《ひのやくし》）などにある。法然院のものは古株より七本が株立ちしている。大津市長等山の園城寺《おんじょうじ》（三《み》井寺《いでら》）別所、近松寺《こんしょうじ》（高観音）にはかつて幹周り六・三メートル、千年と伝えられる老木があった。しかし、倒れてしまい、そのわきからでた萌芽が元気よく伸び、花をつけている。大津の西教寺《さいきょうじ》にもある。

興正寺のインドボダイジュ

真如堂のボダイジュ

どこでも舌状の苞葉がつき、たくさんの果実がついているが、これらが落下しての自然の発芽はどうもないようだ。どこにも稚樹をみない。六角《ろっかく》堂《どう》（頂法寺《ちょうほうじ》）にあるボダイジュは中国原産のボダイジュでも、日本のシナノキでもない。私の見たところ、ヨーロッパ原産のナツボダイジュ（T. platyphyllos）だと思った。

ムクノキ（ムク、モク　椋）　*Aphananthe aspera*　ニレ科

都市にある大木の一つで、葉は長楕円形、互生、エノキとちがって葉の表面がざらざらし、鋸歯がはっきりしている。葉はサンドペーパー代わりに木工細工の研磨に使われた。樹皮が縦に剥がれる。果実は一センチくらいの球形、藍黒く熟す。種子は堅いが果肉は干ブドウのようで甘くおいしい。これを大きく改良できたらうれしい。この実を食べにムクドリなど野鳥が集まる。京都では知恩院《ちおんいん》北の湯豆腐「蓮月茶や」のものが京都最大だとされ、区民の誇りの木に指定されている。街中にも巨木があり、もっとも普通の樹木なのに、森林の中にはなぜか少ない。

上賀茂《かみがも》神社（区民の誇りの木）、聖護院の守護神であった熊野《くまの》神社に大

熊野神社のムクノキ

ムクの実

きなムク、ここの絵馬は八咫烏《やたがらす》で、境内には八ッ橋発祥の地の碑がある。法然院《ほうねんいん》の大きなムクノキにはムササビ、フクロウ、アオバズクが営巣している。下鴨《しもがも》神社、白峯神宮内伴緒社《とものおのやしろ》、北野《きたの》天満宮、藤森《ふじのもり》神社絵馬堂前、嵐山・法輪寺《ほうりんじ》、下桂《しもかつら》・御霊《ごりょう》神社、三宮《さんのみや》神社、嵯峨の斎宮《さいぐう》神社、衣手《ころもで》神社（三ノ宮社）、お酒の神様（大山咋神・市杵姫命）を祀る松尾《まつお》大社などにムクノキの大きなものがある。櫟谷七野《いちいだになの》神社のものは大きいが枝を張り過ぎ邪魔にされたのだろう、ひどく伐られている。

千本通竹屋町を東に入った京都市児童福祉センター前にも大きなムクノキがあり、この根元に大宮姫命稲荷大神《おおみやひめのみこといなりだいじん》の小さなお社がある。このムクノキがあることで道路は急に狭くなり交通を妨げているが、堂々と立つこの木はやはり伐れなかったのであろう。

分布：本州（関東以西）・四国・九州・沖縄・朝鮮・台湾・中国

ムクロジ（無患子）　*Sapindus mukorossi*　ムクロジ科

落葉の高木、葉は大きな偶数羽状複葉で互生。果実は球形、熟すと黄褐色、直径一・五〜二センチ、中の種子は楕円形、硬く黒色、これを羽根突

大宮姫命稲荷社大神のムクノキ

ムクロジの果実

き（羽根衝）の玉に使ったが、お正月の羽根突きも、もうみなくなった。また念珠・数珠玉にも使っている。釈迦が「煩悩、業苦を滅し去ろうと欲するのなら、ムクロジの実を百八個貫き通し輪をつくりこれを常に持ち、仏法僧三宝の名を、唱えムクロジの実を一つ繰り、また唱え実を一つ繰ることを繰り返しなさい」と、これを如来や弟子に与えたという。数珠の起源である。数珠の材料には石や木材などいろいろあるが、ムクロジの実は加工しないでもそのまま使え、堅くていい数珠ができる。

　果皮にサポニンを含み日本でも古くは絹の洗濯に使ったという。東南アジアでは石鹸代用とし、今でも市場で売っている。私自身、インドネシア、ジャワでムクロジ、ベトナムでサイカチの莢を売っているのをみた。実際、水につけ果皮をもむとよく泡がでる。和名セッケンノキとしては、このムクロジのほか、エゴノキ、サイカチ、トチノキなどの別名としてでてくる。

　知恩院《ちおんいん》三門への道の桜の馬場旧築地上のムクロジは、江戸時代初期の植栽とされる巨木で京都市指定天然記念物、下桂《しもかつら》・御霊《ごりょう》神社のものも大きいが根元はすでに空洞でわずかの樹皮で生きている。痛々しい姿だ。白峯《しらみね》神宮の鞠庭にもある。

　「あぶり餅」で知られる今宮《いまみや》神社には市指定保存木の大きなムクロジがある。しかし、これらが自生か植栽かの判断はできない。

知恩院のムクロジ

白峯神宮のムクロジ

分布：本州（中部以西）・四国・九州・沖縄・台湾・中国・ネパール・インド

モクゲンジ（センダンバノボダイジュ）

Koelreuteria paniculata　ムクロジ科

落葉高木、葉は奇数羽状複葉、小葉は対生で長さ二〇～三五センチ、夏に黄色の花がつく。果実は袋状の朔果で面白いかたちをしている。種子は黒く念珠とし、通常寺院に植えられている。真如堂《しんにょどう》（真正極楽寺《しんしょうごくらくじ》）吉祥院入口に大きなものが一本あり、六月下旬黄色い小さな花をたくさんつけているが、まわりの木に光をとられている。ここの鐘楼近くにオオモクゲンジ（マルバノモクゲンジ）（*K. integrifoliola*）もあるが、この方は中国原産で九月に黄金色の小さな花をたくさんつける。咲く時期のちがいで両者を区別できる。

モクゲンジは本州（福井、兵庫、山口）の海岸沿い、兵庫県香住、村岡町などにあるという。分布は朝鮮、中国とされており、日本海側のものも野生化したものではともいわれている。藤井寺市・道明寺のものが有名。中国でも寺院・墓地に植えられるという。オオモクゲンジは台湾南部の高雄、台南などでは市内の街路樹としてよく植えられている。

真如堂吉祥院のモクゲンジ

真如堂のオオモクゲンジ

モクゲンジの花

オオモクゲンジの果実

モミ（樅）

Abies firma　マツ科

常緑針葉樹の高木で、亜高山帯の主要な樹木の一つ、高さ四〇メートル、直径二メートルになる。樹皮は暗灰色で亀甲状の割れ目がある。針葉の先端は二つに裂け少し尖る。球果は約一〇〜一五センチの円筒形、上向きにつき淡緑色から灰褐色に変わる。。

長谷《ながたに》八幡宮、松ヶ崎の新宮《しんぐう》神社、鷺森《さぎのもり》神社、八大《はちだい》神社、法然院《ほうねんいん》、大覚《だいかく》寺《じ》、北野《きたの》天満宮、大将軍八《たいしょうぐんはち》神社、平岡《ひらおか》八幡宮、大原野《おおはらの》神社、上高野・崇《す》道《どう》神社、上醍醐《かみだいご》五大力堂などに大きなものがある。鞍馬山への貴船口から奥の院への途中に大きなモミ、ツガのまじった天然林がある。比叡山・延《えん》暦寺《りゃくじ》西塔浄土院や青龍寺付近にもモミ林がある。

ツガ（トガ）（Tsuga sieboldi）はモミにくらべ葉はより小さくなる。上《かみ》賀茂《がも》神社一の鳥居の左右にあるが、名札は「トガ」となっている。この神社にはならの小川、二の鳥居付近にもある。このほか、栂尾・高山《こうさん》寺《じ》石水院、車折《くるまざき》神社、下鴨《しもがも》神社末社相生社《あいおいしゃ》などに大きなものがある。

分布：モミ　本州（秋田以西）・四国・九州・屋久島
ツガ（トガ）本州（福島以西）・四国・九州

大原野神社のモミ

ヤマモモ（楊梅・山桃）

Myrica rubra　ヤマモモ科

暖地の海岸に多い常緑の高木、公園などにもよく植えられている。サルモモ、クロダンゴ、サトウモモなどの方言もある。果実は直径一～二センチの球形、暗赤色、表面に粒状の突起があり、ザラメをつけた濃い赤紫色の飴玉といったところで、甘酢っぱくおいしい。中に硬い種子が入っている。ちょっと松脂に似た匂いがある。

しかし、朝、採っても夕方には腐るなど、傷みが早い。水で洗ってはいけない。ちょっと塩をつけると甘味が増す。惜しいのは種子と果肉がきれいに離れないことだ。

ヤマモモのあり場所を覚えておき、時期に行ってみると実がついていない。雌雄異株で、果実は雌木にしかつかないのである。結実の豊凶がはっきりしている。とはいえ、都市公園の中にもよく植えられ、たくさん実が着いているのに、下校途中の子供たちも手を伸ばさない。野生のヤマモモの実は大小不揃いだが、大きなものだけを拾い出せば、栽培品種に対抗できる。

栽培品種は三〇以上もあるとされ、大粒の瑞光は一粒が八グラム、一六は一合枡に一六粒入ったからという。もっとも小さい一六さねさしという

ヤマモモ

品種はわずか二・五グラムだという。甘さではしろももとか住吉という品種がいいらしい。最近、秀峰という大玉で糖度の高いものがつくりだされたようだ。

ヤマモモには菌根菌がつくので、崩壊地など土壌の悪いところへ緑化樹として植える。街路樹には雄木だけを植えているようだ、落ちた実が汚く、掃除がたいへんらしいのである。樹皮・材はカーキ色の染料とする。高知・牧野植物園に「やまもも羊羹」、宮崎・綾町に「ヤマモモ羊羹」があった。

伏見区醍醐の一言寺《いちごんじ》（金剛王院《こんごうおういん》）の山門脇のものは高さ九・五メートル、幹周三・三メートルで京都市指定天然記念物だが、根元は腐り大きな空洞になっている。これは雌木で日の当たる側にだけ実をつけている。山科・毘沙門堂《びしゃもんどう》石段にあるヤマモモ（区民の誇りの木）も大きい。これも雌木で以前はよく実が着いたが最近はつかないと聞いた。大覚寺《だいかくじ》の天神島、曼珠《まんしゅ》院《いん》弁天堂、赤山禅院《せきざんぜんいん》などにも大きなものがある。

ユズリハ（譲葉）

Daphniphyllum macropodum　ユズリハ科

分布：本州（関東、福井以西）・四国・九州・沖縄・朝鮮・台湾・中国・フィリピン

一言寺のヤマモモ

常緑の中高木、雌雄異株。ユズリハの名は新葉がでた後で旧葉が落ちることから「譲る葉」とされ、めでたい樹木とされる。お正月の注連《しめ》飾りや鏡餅にウラジロ、ダイダイとともに、この葉をのせる。先を尖らせた竹を立てる門松は迎える神が降りるところをわかりやすくするため、また注連縄も悪神が入ってこないよう縄で止めるためのものである。この神は一月一五日にお帰りになるが、送り火として門松や注連縄を燃やす。これがドンド、左義長である。この火で焼いた餅を食べると風邪をひかない、健康になるといわれているが、こんな風習も途絶えたところが多い。ユズリハの出番も少なくなっている。

本州（中北部）や北海道のものは亜種エゾユズリハ（D. macropodum subsp. humile）とする。このエゾユズリハは京都・北山にもある。暖地の海岸部のものは別種のヒメユズリハ（D. teijsmnnai）である。

柏餅に使うカシワを千葉・山梨などにはユズリハと呼ぶところがある。カシワは落葉樹であるが、ユズリハと同様、春、新しい葉がでてくるまで落ちないで着いているからである。落葉樹なのに秋に葉を落さず春まで着けているものに、クスノキ科のヤマコウバシ（Lindera galuca）がある。ヤマコウバシは冬にも葉を落さない。落ちないにかけて、この葉を受験のお守りにする。このヤマコウバシには「親孝行の木」の異名がある。孝行な息子が親の借金をとりにきた借金取りに、「この葉が落ちるまで待って、

ユズリハ

かならず返す」と約束した。このヤマコウバシの葉は春まで落ちなかった。すぐには返せなかった借金も春までには返せたという。

ユズリハは下鴨《しもがも》神社比良木《ひらぎ》社（出雲井於《いづもいのへの》神社）、満足稲荷《まんぞくいなり》神社、水尾・清和《せいわ》神社（清和天皇社）、大原・来迎院《らいごういん》、印空寺などにあるが、神社に植えていることは案外少ない。おめでたい樹木として、庭に植えていることもある。

分布：本州（中南部）・四国・九州・朝鮮・中国

その他の樹木

樹種名をあげて紹介しなかったが、いくつかの社寺に記録しておきたい樹木があった。興正寺《こうしょうじ》にオリーブ、大覚寺《だいかくじ》大沢池畔にアメリカ（モミジバ）フウ・タブノキ、梨木《なしのき》神社にハクウンボク、東福寺《とうふくじ》にアーモンド、須《す》賀《が》神社にキササゲ、下御霊《しもごりょう》神社にサルスベリ、元祇園梛《もとぎおんなぎ》神社にカクレミノ、上賀茂《かみがも》神社にキリ、鹿苑寺《ろくおんじ》金閣の銀河泉・巌下水近くに二又のネジキ、白蛇塚にイスノキ、これにはたくさんの虫えいがついている。北野《きたの》天満宮にシダレエンジュ、称名寺《しょうみょうじ》や下鴨《しもがも》神社にホオノキ、比叡山・延暦《えんりゃく》寺《じ》西塔浄土院にイヌツゲ、ヤマボウシ、下鴨《しもがも》神社葵の庭のザクロ、真如堂《しんにょどう》のアセビ、志明院《しみょういん》のホンシャクナゲなどである。

印空寺のユズリハ

ヤマボウシ（延暦寺西塔浄土院）

京都の社叢ガイド〈社寺ガイドマップ・社寺一覧〉

＊本書第3章で紹介した社寺と樹木をたずねるために、社寺ガイドマップ（京都市北東部・北西部・南東部・南西部・京都市内中央部・京都市周辺部の六分割図）と、社寺一覧（五十音順でマップのページ数と地図検索記号・所在地および樹木名）を掲載した。
たとえば西本願寺を訪ねたい時は、一七三ページ上段を見ると、検索番号が129でP163Ｅ6と記しているので、一六三ページ（市内中央部）のタテ軸Ｅ、ヨコ軸6を見れば、129西本願寺のおよその所在地がわかるようになっている。

＊市内中央部（破線内）は一六二～三ページ参照

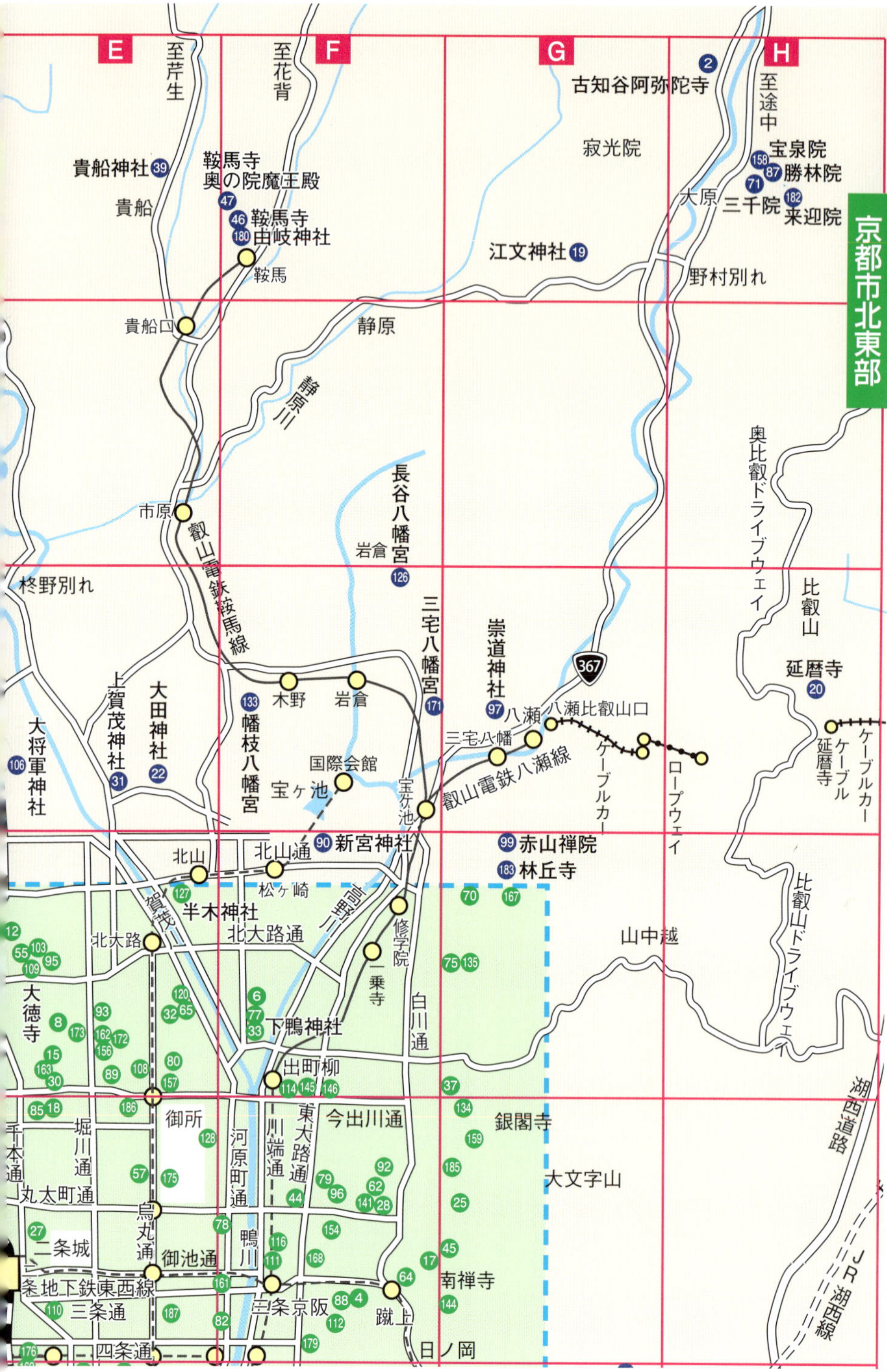

京都市北西部
A
B
C
D
1
2
3
4
5
N
至周山
76 志明院
5 厳島神社
雲ヶ畑
杉坂口
123 道風神社
越畑
周山街道
清滝川
西方寺 67
3
74 四所神社
樒原
愛宕山
1 愛宕神社
高山寺 51
西明寺 68
神護寺 91
高雄
嵐山高雄パークウェイ
平岡八幡宮 148
162
98 清和神社
水尾
清滝
金閣寺 41
龍安寺
仁和寺 130
大覚寺 104
190
42
122
149
北野白梅町 38
印空寺 14
107
保津峡
妙心寺
118
125 東林院
36 祇王寺
嵯峨野観光鉄道
嵯峨嵐山
太秦
JR嵯峨野線
花園
131
野宮神社
嵐山
48
66
56
69
車折神社
斎宮神社
斎明神社
西大路通
太秦天神川
法輪寺 160
阪急嵐山
16 梅宮大社
嵐電嵐山線 177

京都市南東部

＊市内中央部（破線内）は一六二〜三ページ参照

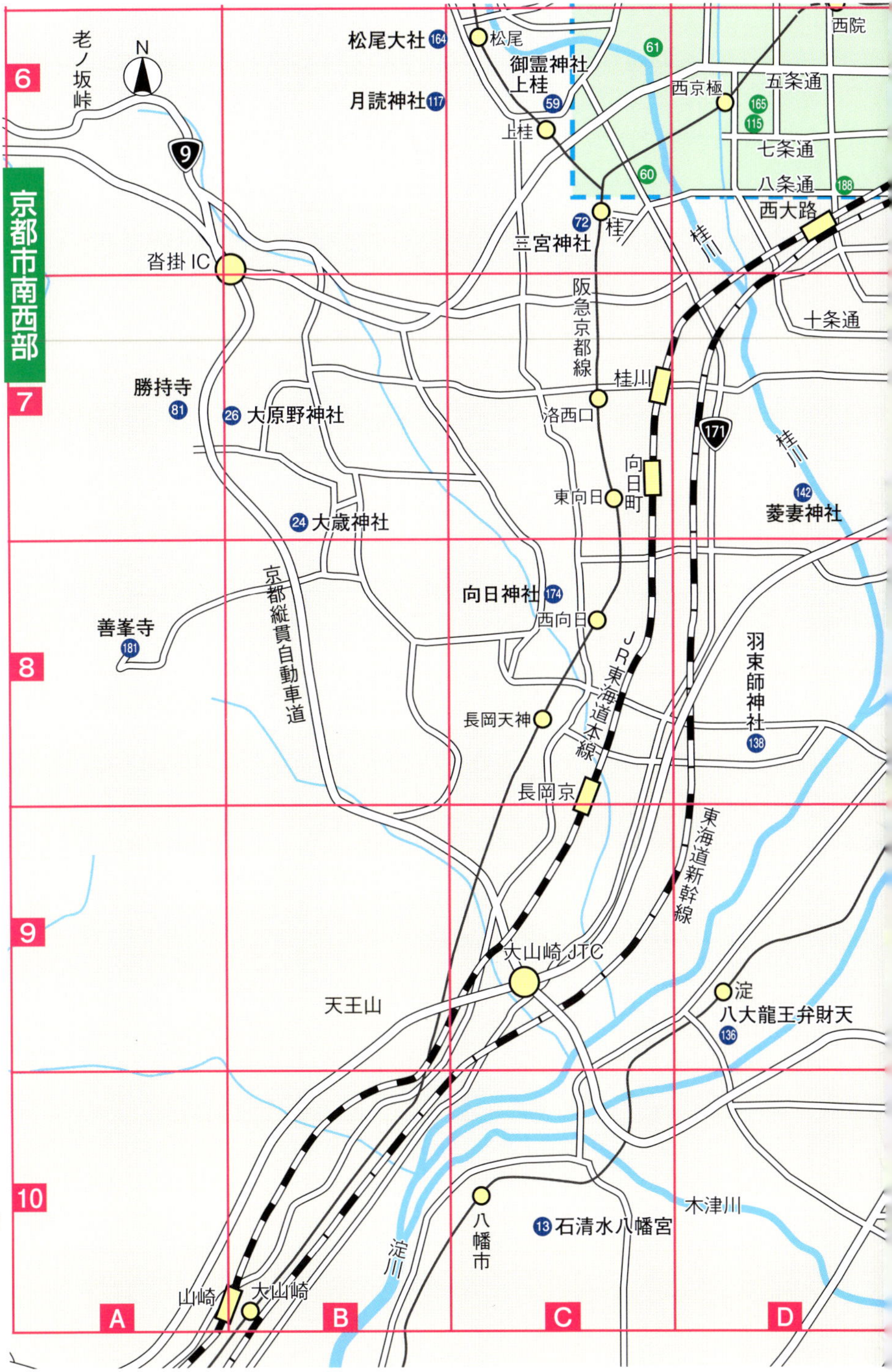
京都市南西部
N
老ノ坂峠
9
沓掛 IC
松尾大社 164
松尾
御霊神社
上桂
59
月読神社 117
上桂
61
西京極
165
115
五条通
七条通
八条通
188
60
西院
72
桂
三宮神社
西大路
桂川
十条通
阪急京都線
桂川
洛西口
171
勝持寺
81
26 大原野神社
24 大蔵神社
向日町
東向日
桂川
142
菱妻神社
京都縦貫自動車道
向日神社 174
西向日
善峯寺
181
JR東海道本線
長岡天神
羽束師神社
138
長岡京
東海道新幹線
大山崎 JTC
天王山
淀
八大龍王弁財天
136
木津川
八幡市
13 石清水八幡宮
淀川
山崎
大山崎
6
7
8
9
10
A
B
C
D

市内中央部
E
F
G
127 半木神社
北大路
北大路通
地下鉄烏丸線
賀茂川
紫明通
高野川
叡山電鉄叡山本線
修学院
一乗寺
茶山
70 鷺森神社
167 曼殊院門跡
75 詩仙堂
135 八大神社
120 天寧寺
65 西園寺
32 上御霊神社
妙顕寺
172
6 出雲井於神社
77 下鴨神社
33 河合神社
元田中
疏水
白川通
至大津
山中越
鞍馬口
80 相国寺
157 豊光寺
大聖寺
108
出町柳
百万大明神
長徳寺
114
145
146 百萬遍知恩寺
37 北白川天神宮
今出川通
今出川
出町柳
京都大学
134 八神社
185 霊光殿天満宮
京都御所
128 梨木神社
鴨川
57 護王神社
175 宗像神社
河原町通
寺町通
川端通
東大路通
聖護院
79
須賀神社
96
159 法然院
92 真如堂
62 金戒光明寺
184 霊鑑寺
25 大豊神社
丸太町
神宮丸太町
44 熊野神社
京都市役所前
78 下御霊神社
京阪電鉄鴨東線
平安神宮
154
141 東本願寺岡崎別院
28 岡崎神社
岡崎道
45 熊野若王子神社
17 永観堂
神宮道
烏丸御池
御池通
116 頂妙寺
168 満足稲荷神社
64 金地院
161 本能寺
111 檀王法林寺
東山
4 粟田神社
蹴上
144 日向大神宮
三条通
三条
三条京阪
186 六角堂
烏丸通
青蓮院 88
知恩院 112
地下鉄東西線
四条
四条通
82 称名寺
河原町
祇園四条
178 八坂神社
阪急電鉄京都線
34 菅大臣神社
153 仏光寺
50 建仁寺
49 54 高台寺
月真院
日ノ岡
琵琶湖第一疏水
御陵
五条
五条通
清水五条
73 地主神社
40 清水寺
烏丸線 地下鉄
3 文子天満宮
23 大谷本廟
140 東本願寺
京阪電鉄本線
七条
至大津
11 新日吉神社
113 智積院
1
京都
JR京都
JR東海道本線(琵琶湖線)
東海道新幹線
至大津

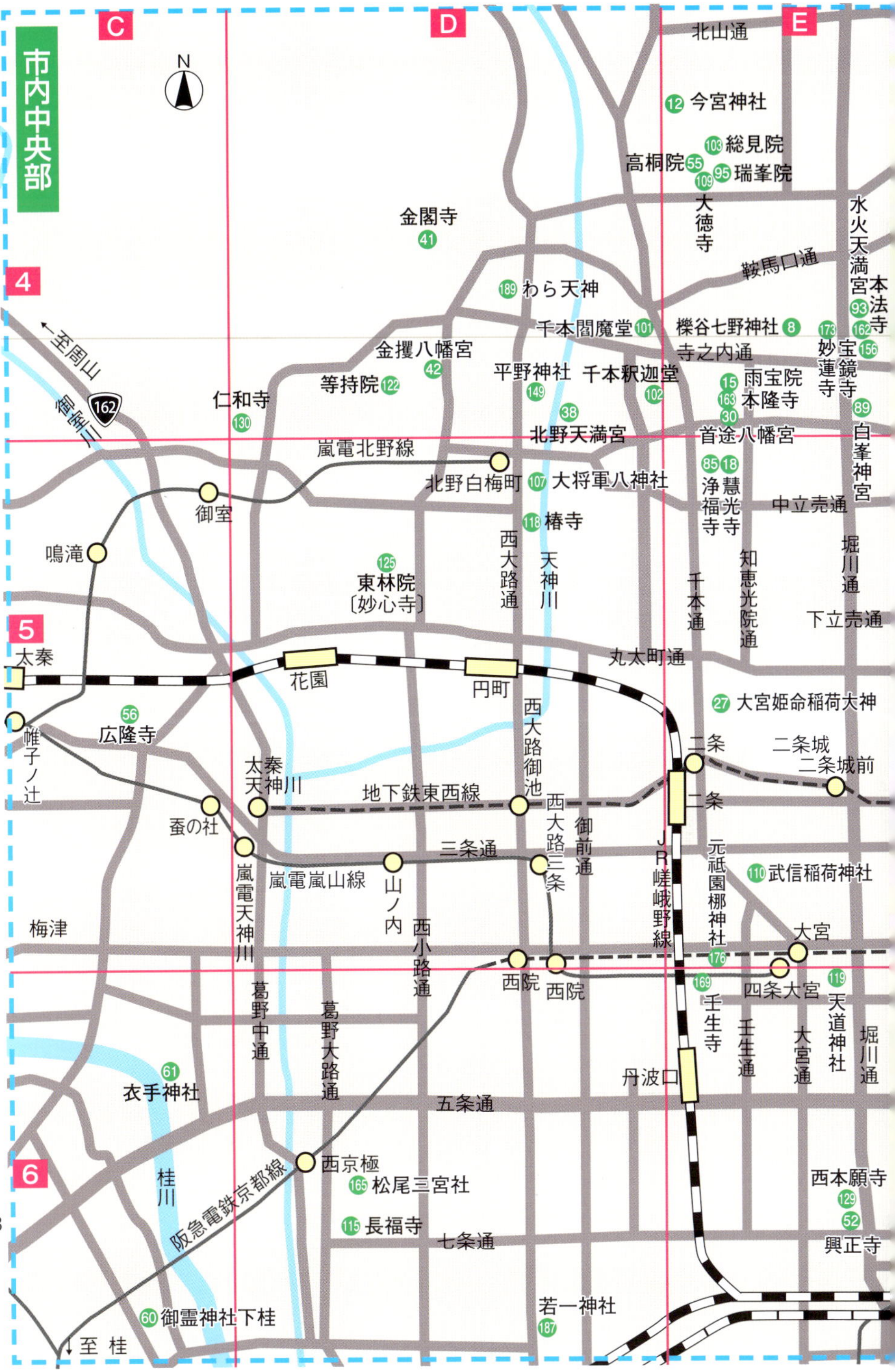
市内中央部
C
D
E
4
5
6
N
北山通
12 今宮神社
103 総見院
高桐院 55
109
95 瑞峯院
大徳寺
金閣寺
41
水火天満宮
本法寺
93
162
156
173
妙蓮寺
宝鏡寺
鞍馬口通
189 わら天神
千本閻魔堂 101
櫟谷七野神社 8
至周山
162
御室川
金攪八幡宮
42
等持院 122
仁和寺
130
平野神社
149
千本釈迦堂
102
寺之内通
15 雨宝院
163 本隆寺
30
38
89
北野天満宮
首途八幡宮
白峯神宮
嵐電北野線
北野白梅町
107 大将軍八神社
85 18
浄福寺
慧光寺
中立売通
御室
鳴滝
118 椿寺
西大路通
天神川
千本通
知恵光院通
堀川通
125
東林院
〔妙心寺〕
下立売通
太秦
花園
円町
丸太町通
27 大宮姫命稲荷大神
56
広隆寺
帷子ノ辻
西大路御池
二条
二条城
二条城前
太秦天神川
地下鉄東西線
西大路三条
御前通
蚕の社
三条通
嵐電天神川
嵐電嵐山線
山ノ内
JR嵯峨野線
元祇園梛神社
110 武信稲荷神社
梅津
西小路通
大宮
176
西院
西院
四条大宮
119
169
壬生寺
壬生通
大宮通
天道神社
堀川通
葛野中通
葛野大路通
61
衣手神社
桂川
丹波口
五条通
西京極
阪急電鉄京都線
165 松尾三宮社
115 長福寺
七条通
西本願寺
129
52
興正寺
60 御霊神社下桂
若一神社
187
至 桂

I
久多・大川神社
上の宮神社
至能見
21
大川神社
久多中の町
思古淵神社
110
至梅ノ木

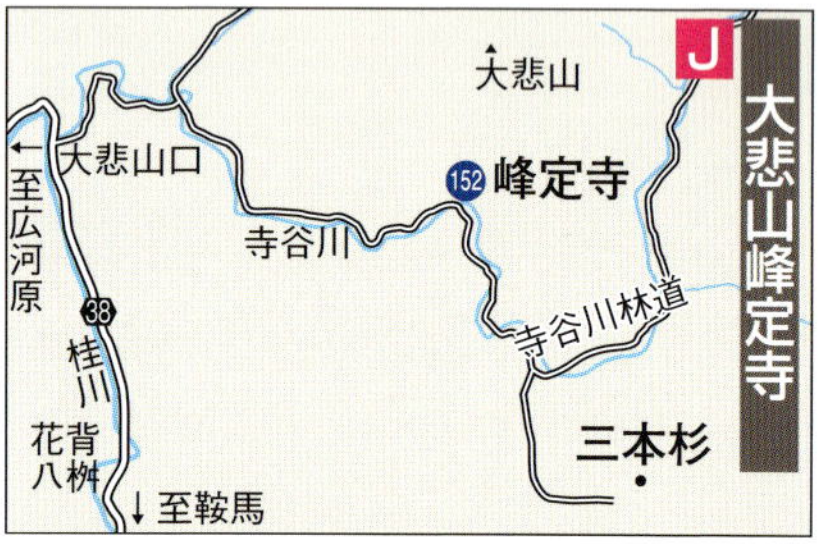
J
大悲山峰定寺
大悲山
大悲山口
至広河原
152
峰定寺
寺谷川
38
桂川
寺谷川林道
三本杉
花背八桝
至鞍馬

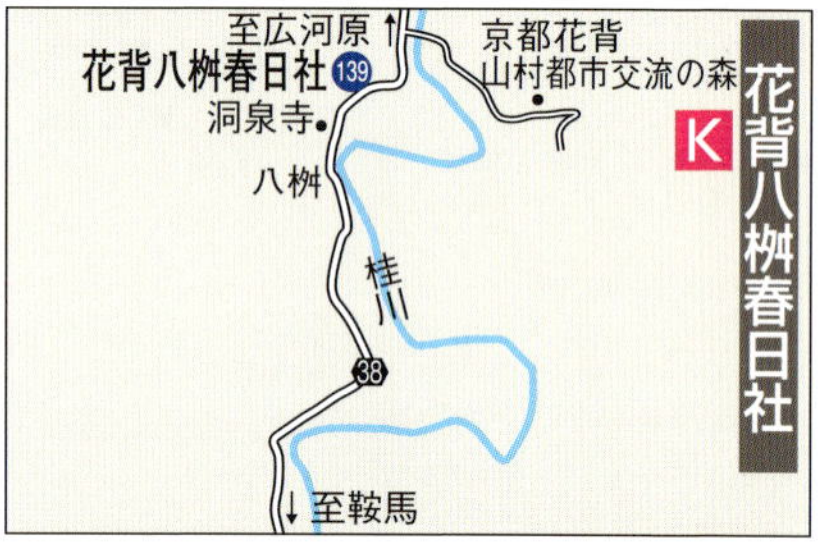
K
花背八桝春日社
至広河原
京都花背山村都市交流の森
139
花背八桝春日社
洞泉寺
八桝
桂川
38
至鞍馬

L
京北田貫・白山神社
龍泉寺
田貫公民館
至日吉
78
132
白山神社
至京北下中

M
京北・八幡宮社　正法寺
京北第三小学校
上弓削
137
八幡宮社
京北病院
北桑田高校
78
162
弓削川
正法寺
86
477
至周山
N

京北・常照皇寺
N
井戸峠
83
常照皇寺
370
小塩川
小塩
至花背
477
桂川
春日神社
井戸
61
大野
至周山

舞鶴・金剛院
O
松尾寺
JR小浜線
至小浜
27
至舞鶴
562
63
金剛院
鹿原公園
28

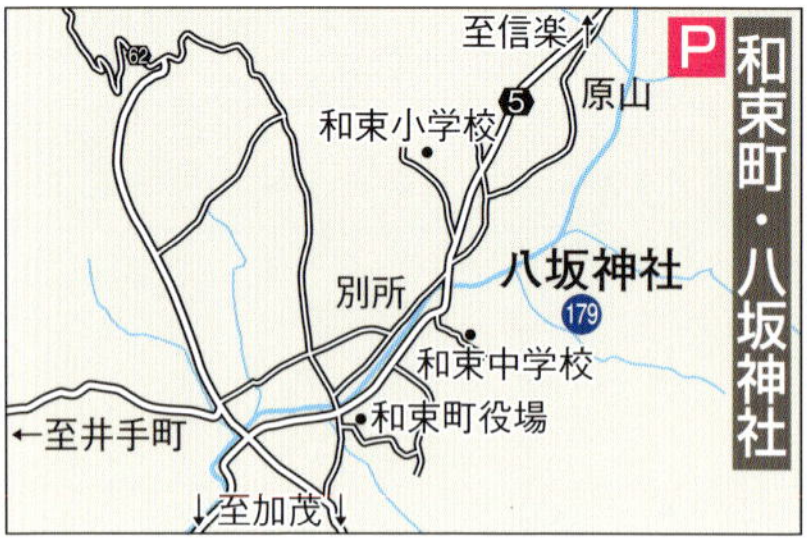
P
和束町・八坂神社
62
至信楽
5
原山
和束小学校
八坂神社
179
別所
和束中学校
至井手町
和束町役場
至加茂

社寺一覧（五十音順）

【あ】

（樹木名の数字は掲載頁）

❶愛宕神社
あたごじんじゃ　P159 A 3
右京区嵯峨愛宕町（愛宕山山頂）
シキミ105

❷阿弥陀寺〔古知谷阿弥陀寺〕
あみだじ〔こちだに〕　P158 H 1
右京区大原古知平町
イロハモミジ（樹齢800年・市指定天然記念物）68

❸文子天満宮
あやこてんまんぐう　P162 E 6
下京区間之町通花屋町下ル天神町
オガタマノキ66

❹粟田神社
あわたじんじゃ　P162 F 5
東山区粟田口鍛冶町
ツバキ（白い花の名月）125

【い】

❺厳島神社〔貴船神社奥宮〕
いつくしまじんじゃ　P159 D 1
北区雲ヶ畑中畑
トチノキ130

❻出雲井於神社〔下鴨神社摂社・比良木社〕
いずもいのへのじんじゃ　P162 F 4
左京区下鴨泉川町（下鴨神社境内）
ヒイラギ（柊さん）141　ユズリハ156

❼一言寺〔醍醐寺塔頭・金剛王院〕
いちごんじ　P160 G 8
伏見区醍醐一言寺裏町
コウヤマキ90　サカキ95　シキミ105　ヤマモモ（市指定天然記念物）154

❽櫟谷七野神社
いちいだにななのじんじゃ　P163 E 4
上京区大宮西裏蘆山寺上ル社横町
オガタマノキ65　クロガネモチ82　タラヨウ117　ムクノキ149

❾今熊野観音寺
いまくまのかんのんじ　P160 F 6
東山区泉涌寺山内町
イロハモミジ68

❿新熊野神社
いまくまのじんじゃ　P160 F 6
東山区今熊野椥ノ森町
クスノキ（神木・市指定天然記念物）80　ナギ（神木）133

⓫新日吉神社
いまひえじんじゃ　P162 F 6
東山区妙法院前側町
オガタマノキ66

⓬今宮神社
いまみやじんじゃ　P163 E 4
北区紫野今宮町
トウカエデ68　ツバキ（ユリツバキ・神代椿）125　ムクロジ（市指定保存木）150

⓭石清水八幡宮
いわしみずはちまんぐう　P161 C 10
八幡市八幡高坊
カヤ74　クスノキ80　タラヨウ117　ナギ133

⓮印空寺
いんくうじ　P159 C 5
右京区山越西町
タラヨウ（市指定保存木）117　ボダイジュ147　ユズリハ156

【う】

⓯雨宝院〔西陣聖天〕
うほういん　P163 E 4
上京区知恵光院通上立売上ル聖天町
アカマツ（時雨の松・区民の誇りの木）49　サクラ（歓喜桜・観音桜）102

⓰梅宮大社
うめのみやたいしゃ　P159 C 5
右京区梅津フケノ川町
アカマツ49　クロガネモチ83　ゴヨウマツ93

【え】

⓱永観堂〔禅林寺〕
えいかんどう　P162 F 5

左京区永観堂町
カエデ（連理のイロハモミジ）68　ハクショウ・ダイオウショウ（三鈷の松）138　ボダイジュ147

⑱慧光寺
えこうじ　P163 E 5
上京区浄福寺笹屋町下ル
ヤマザクラ（平野夕日桜）102

⑲江文神社
えぶみじんじゃ　P158 G 1
左京区大原野村町
カヤ（御旅所）74　ケヤキ（御旅所）87　サカキ95

⑳延暦寺
えんりゃくじ　P158 H 3
大津市坂本本町（比叡山山上・根本中堂、西塔釈迦堂、西塔浄土院、東塔鐘楼、大師御廟）
シダレカツラ73　コウヤマキ90　シキミ105　テイノキ126　ナツツバキ135　ボダイジュ147　モミ152　ヤマボウシ156　イヌツゲ156

【お】

㉑大川神社
おおかわじんじゃ　P164 I
左京区久多中の町
スギ（市指定天然記念物・巨樹名木）110

㉒大田神社（上賀茂神社摂社）
おおたじんじゃ　P158 E 3
北区上賀茂本山
コジイ104　ナギ133　ヒノキ145

㉓大谷本廟（西大谷本廟）
おおたにほんびょう　P162 F 6
東山区五條橋東六丁目
ソテツ114

㉔大歳神社
おおとしじんじゃ　P161 B 7
西京区大原野灰方町
クロガネモチ83

㉕大豊神社
おおとよじんじゃ　P162 G 5
左京区鹿ヶ谷宮ノ前町
オガタマノキ65　スギ（神木）111　タラヨウ117

㉖大原野神社
おおはらのじんじゃ　P161 B 7
西京区大原野南春日町
オガタマノキ66　ヤマザクラ（千眼桜）100・101　コジイ104　モミ152

㉗大宮姫命稲荷大神
おおみやひめのみことい なりだいじん　P163 E 5
上京区主税町
ムクノキ149

㉘岡崎神社
おかざきじんじゃ　P162 F 5
左京区岡崎天王町
オガタマノキ65

【か】

㉙勧修寺
かじゅうじ　P160 G 7
山科区勧修寺仁王堂町
ハイビャクシン60

㉚首途八幡宮
かどではちまんぐう　P163 E 4
上京区知恵光院通今出川上ル桜井町
オガタマノキ65

㉛上賀茂神社（賀茂別雷神社）
かみがもじんじゃ　P158 E 3
北区上賀茂本山
イチイガシ（区民の誇りの木）53　エノキ63　カゴノキ71　カツラ72　クスノキ（藤木社・市指定保存木）81　テーダマツ86・137　ストローブマツ94　シダレザクラ・ベニシダレザクラ100　サクラ（二の鳥居・御幸桜）101　シイ（睦の木・渉渓園）104　センダン112　タラヨウ117　テーダマツ137　ムクノキ（区民の誇りの木）148　モミ（一の鳥居・トガ）152　キリ156

32 上御霊神社（御霊神社）
かみごりょうじんじゃ　P162E[4]
上京区上御霊竪町
トウオガタマノキ66　カイノキ67　クスノキ81　ケヤキ87　センダン（神明社）112

33 河合神社（下鴨神社第一摂社）
かわいじんじゃ　P162F[4]
左京区下鴨泉川町
イチョウ（神木）57　カリン76

34 菅大臣神社
かんだいじんじんじゃ　P162E[6]
下京区仏光寺通新町西入ル菅大臣町
イチョウ57　オガタマノキ65　トウオガタマ66

35 勧智院（東寺塔頭）
かんちいん　P160E[6]
南区八条通大宮西入ル柳原町
オガタマノキ66　クロガネモチ82　ナツツバキ135

【き】

36 祇王寺（大覚寺塔頭）
ぎおうじ　P159B[5]
右京区嵯峨鳥居本小坂町
サクラ（祇女桜）101　ツバキ（薄墨椿）125

37 北白川天神宮
きたしらかわてんじんぐう　P162G[4]
左京区北白川仕伏町
シイ104　ツクバネガシ120　ヒノキ145

38 北野天満宮
きたのてんまんぐう　P163D[4]
上京区馬喰町
オガタマノキ65　クスノキ81　クロマツ84　ケヤキ（御土居・東風）87　タチバナ（伴氏社）115　トチノキ（文子天満宮）130　ムクノキ149　モミ152　シダレエンジュ156

39 貴船神社
きふねじんじゃ　P158E[1]
左京区鞍馬貴船町
アサダ50　カツラ（奥宮・市指定天然記念物）72　ケヤキ87　連理のスギ・イロハモミジ111　スギ（相生杉・樹齢千年）111　トチノキ（奥宮）130

40 清水寺
きよみずでら　P162F[6]
東山区清水
イロハモミジ68

41 金閣寺〔鹿苑寺〕
きんかくじ　P163D[4]
北区金閣寺町
アカマツ49　イチイガシ53　ゴヨウマツ（陸舟の松・樹齢六〇〇年・市指定天然記念物）93　コジイ104　ツバキ（後水尾天皇お手植・胡蝶侘助）125　ボダイジュ147　イスノキ156　ネジキ156

42 金攫八幡宮
きんかくはちまんぐう　P163D[4]
北区平野桜木町
カゴノキ71　クロガネモチ（黄金モチの木）82

43 金札宮（境内に公岡稲荷大明神）
きんさつぐう　P160E[8]
伏見区鷹匠町
クロガネモチ（市指定天然記念物）81

【く】

44 熊野神社
くまのじんじゃ　P162F[5]
左京区聖護院山王町
ナギ133　ムクノキ148

45 熊野若王子神社
くまのにゃくおうじじんじゃ　P162G[5]
左京区若王子町
ナギ133

46 鞍馬寺
くらまでら　P158F[1]
左京区鞍馬本町
アサダ（霊宝殿）50　サクラ（雲珠桜）101　タラヨウ（普明殿）117　ボダイジュ147

47 鞍馬寺 奥の院魔王殿
くらまでら　おくのいんまおうでん　P

158 F [1]
鞍馬貴船町
メグスリノキ69　カヤ74　モミ152

㊽車折神社
くるまざきじんじゃ　P159 C [5]
右京区嵯峨朝日町
ダイオウショウ139　ツガ152

【け】

㊾月真院
げっしんいん〔高台寺塔頭〕　P162 F [6]
東山区下河原通八坂鳥居前下ル下河原町
ツバキ（有楽椿）124

㊿建仁寺
けんにんじ　P162 F [6]
東山区大和大路四条下ル小松町
クロガネモチ（禅居庵）82　センダン112　ボダイジュ（護国院・禅居庵）147

【こ】

51高山寺
こうさんじ　P159 B [3]
右京区梅ヶ畑栂尾町
ツガ（石水院）152

52興正寺
こうしょうじ　P163 E [6]
下京区堀川通七条上ル
イチョウ57　クスノキ81　インドボダイジュ146　オリーブ156

53興聖寺
こうしょうじ　P160 G [10]
宇治市宇治山田
ケヤキ87

54高台寺
こうだいじ　P162 F [6]
東山区下河原通八坂鳥居前下ル下河原町
コジイ104

55高桐院
こうとういん〔大徳寺塔頭〕　P163 E [4]
北区紫野大徳寺町
ツバキ（雪中花・天津乙女）124

56広隆寺
こうりゅうじ　P163 C [5]
右京区太秦蜂岡町
クスノキ81

57護王神社
ごおうじんじゃ　P162 E [5]
上京区烏丸通下長者町下ル桜鶴円町
イチョウ57　オガタマノキ65　カリン76

58御香宮神社
ごこうのみやじんじゃ　P160 E [8]
伏見区御香宮門前町
イチョウ57　オガタマノキ66　カヤ74　クロマツ84　シダレザクラ・ベニシダレ100
ソテツ（市指定天然記念物）114　ツバキ（おそらく椿）124

59御霊神社〔上桂〕
ごりょうじんじゃ〔かみかつら〕P161 C [6]
西京区上桂西居町
オガタマノキ66　カゴノキ71　クスノキ（市指定保存木）81

60御霊神社〔下桂〕
ごりょうじんじゃ〔しもかつら〕P163 C [6]
西京区桂久方町
カゴノキ71　クスノキ（区民の誇りの木）81
ナギ（区民の誇りの木）133　ムクノキ149　ムクロジ150

61衣手神社〔松尾大社境外末社・三ノ宮社〕
ころもでじんじゃ　P163 C [6]
右京区西京極東衣手町
ムクノキ149

62金戒光明寺〔黒谷さん〕
こんかいこうみょうじ　P162 F [5]
左京区黒谷町
オオイタビ64　クロマツ（鐙かけ松・市指定保存木）84　シマモクセイ（区民の誇りの木）108
ボダイジュ147

63金剛院
こんごういん　P164 O
舞鶴市鹿原595
カヤ（千年榧）75

64 金地院〔南禅寺塔頭〕
こんちいん　P162 F 5
左京区南禅寺福地町
イブキ（樹齢七〇〇年）59　クロガネモチ82

【さ】

65 西園寺
さいおんじ　P162 E 4
上京区寺町通鞍馬口下ル高徳町
クロガネモチ82

66 斎宮神社
さいぐうじんじゃ　P159 C 5
右京区嵯峨野宮ノ元町
ムクノキ149

67 西方寺
さいほうじ　P159 D 3
北区西賀茂鎮守庵
ツバキ（利休遺愛・五色八重散り椿）125

68 西明寺
さいめいじ　P159 B 3
右京区梅ヶ畑槇尾町
コウヤマキ90

69 斉明〔明神〕神社
さいめいじんじゃ　P159 C 5
右京区嵯峨柳田町
オガタマノキ66

70 鷺森神社
さぎのもりじんじゃ　P162 G 4
左京区修学院宮ノ脇町
カエデ68　ヤマザクラ100　スギ（神木）111
タラヨウ117　モミ152

71 三千院
さんぜんいん　P158 H 1
左京区大原来迎院町
カツラ73　ケヤキ87

72 三宮神社
さんのみやじんじゃ　P161 C 6
西京区川島玉頭町
トウオガタマ66　クスノキ81　ムクノキ149

【し】

73 地主神社
じしゅじんじゃ　P162 F 6
東山区清水〔清水寺境内〕
サクラ（地主桜）101

74 四所神社〔原神社〕
ししょじんじゃ　P159 A 3
右京区嵯峨樒原宮ノ上町
イチョウ57

75 詩仙堂
しせんどう　P162 G 4
左京区一乗寺門口町
アカマツ（朝鮮松）49　ツバキ（丈山椿）124

76 志明院
しみょういん　P159 C 1
北区雲ヶ畑出合町
ホンシャクナゲ156

77 下鴨神社〔賀茂御祖神社〕
しもがもじんじゃ　P162 F 4
左京区下鴨泉川町
イチイガシ53　イチョウ57　エノキ63　オガタマノキ65　カツラ72　ケヤキ87　ヒメコマツ（媛小松）93　シリブカガシ（連理の賢木）95　コジイ104　タラヨウ116　ツバキ（儀雪）125　ムクノキ149　ツガ（相生社）152　ホオノキ156　ザクロ156

78 下御霊神社
しもごりょうじんじゃ　P162 F 5
中京区寺町通丸太町下ル
オガタマノキ（区民の誇りの木）65　サルスベリ156

79 聖護院
しょうごいん　P162 F 5
左京区聖護院中町
オガタマノキ（御殿荘）66

80 相国寺
しょうこくじ　P162 E 4
上京区今出川通烏丸東入ル
アカマツ49

81 勝持寺〔花の寺〕
しょうじじ　P161 A 7
西京区大原野春日町
サクラ（西行桜・小塩桜）101

82 称名寺
しょうみょうじ　P162 F 5
中京区裏寺町通蛸薬師下ル
ホオノキ156

83 常照皇寺
じょうしょうこうじ　P164 N
右京区京北井戸町丸山
サクラ（九重桜・車返し・左近の桜）101

84 城南宮
じょうなんぐう　P160 E 7
伏見区中島鳥羽離宮町
エノキ63　オガタマノキ66　ゴヨウマツ93　シダレザクラ100　ベニシダレ100　ソテツ114　ナツツバキ（神苑）135　ハクショウ（三子の松）138　ヒトツバタゴ143

85 浄福寺
じょうふくじ　P163 E 5
上京区浄福寺今出川下ル
クロガネモチ（火伏のミズモチ）82　ケヤキ87
ボダイジュ147

86 正法寺
しょうほうじ　P164 M
右京区京北五本松町垣内
カヤ（市指定保存木）74

87 勝林院
しょうりんいん　P158 H 1
左京区大原勝林院町
ボダイジュ147

88 青蓮院〔粟田御所〕
しょうれんいん　P162 F 5
東山区粟田口三条坊町
クスノキ（市指定天然記念物）80

89 白峯神宮
しらみねじんぐう　P163 E 4
上京区今出川通堀川東入ル飛鳥井町
オガタマノキ（小賀玉・市指定天然記念物）65　トウオガタマ（カラタネオガタマ）66　クロガネモチ82　タチバナ（右近の橘）115　ナギ133　リギダマツ（神木）137　ムクノキ（伴緒社）149　ムクロジ150

90 新宮神社〔松ヶ崎林山〕
しんぐうじんじゃ　P158 F 4
左京区松ヶ崎林山町
モミ152

91 神護寺
じんごじ　P159 B 4
右京区梅ヶ畑高雄町
イロハモミジ（タカオモミジ）68

92 真如堂〔真正極楽寺〕
しんにょどう　P162 F 5
左京区浄土寺真如町
エドヒガンザクラ（立皮桜・春日局お手植）100　ナツツバキ135　ハナノキ139　ボダイジュ（区民の誇りの木）147　モクゲンジ・オオモクゲンジ151　アセビ156

【す】

93 水火天満宮
すいかてんまんぐう　P163 E 4
上京区堀川通寺之内上ル東入ル扇町
シダレザクラ・ベニシダレ100

94 随心院
ずいしんいん　P160 G 7
山科区小野御霊町
イチョウ57　カゴノキ71　カヤ74　コウヤマキ90　シキミ105

95 瑞峯院〔大徳寺塔頭〕
ずいほういん　P163 E 4
北区紫野大徳寺町
ツバキ（賀茂本阿弥）124

96 須賀神社〔交通神社〕
すがじんじゃ　P162 F 5
左京区聖護院円頓美町
カリン76　キササゲ76・156

97 崇道神社
すどうじんじゃ　P158 G 3

左京区上高野西明寺山
シイ104　モミ152

【せ】

98 清和神社〔清和天皇社〕
せいわじんじゃ　P159 A 4
右京区嵯峨水尾大岩町
トチノキ130　ユズリハ156

99 赤山禅院
せきざんぜんいん　P158 G 4
左京区修学院開根坊町
ヤマモモ154

100 善願寺〔腹帯地蔵〕
ぜんがんじ　P160 G 8
伏見区醍醐南里町
カヤ74

101 千本閻魔堂〔引接寺〕
せんぼんえんまどう　P163 D 4
上京区千本通蘆山寺上ル閻魔前町
サクラ（普賢象）101

102 千本釈迦堂〔大報恩寺〕
せんぼんしゃかどう　P163 D 4
上京区今出川七本松上ル
エノキ63　クロガネモチ82　シダレザクラ（阿亀桜）100

103 総見院〔大徳寺塔頭〕
そうけんいん　P163 E 4
北区紫野大徳寺町
ツバキ（胡蝶侘助・千利休遺愛・豊公遺愛・市指定天然記念物）124

【た】

104 大覚寺〔旧嵯峨御所大覚寺門跡〕
だいかくじ　P159 B 5
右京区嵯峨大沢町
アカマツ49　イチイガシ（五所明神）53　クスノキ81　クロマツ84　コジイ（放生池天神島、鎮守社五社明神）103・104　ダイオウショウ（多宝塔）138　モミ152　ヤマモモ（天神島）154　アメリカ（モミジバ）フウ156　タブノキ（大沢池）156

105 醍醐寺
だいごじ　P160 G 7
伏見区醍醐伽藍町
アサダ（上醍醐音羽大王）50　カギカズラ（上醍醐）70　カゴノキ（上醍醐）71　クロマツ84　ソメイヨシノ99　シイ（上醍醐）104　ツクバネガシ（上醍醐開山堂）120　モミ（上醍醐五大力堂）152

106 大将軍神社
たいしょうぐんじんじゃ　P158 E 3
北区西賀茂角社町
エノキ63

107 大将軍八神社
たいしょうぐんはちじんじゃ　P163 D 5
上京区一条通御前西入ル
イチョウ57　オガタマノキ65　モミ152

108 大聖寺〔御寺御所〕
だいしょうじ　P162 E 4
上京区烏丸通上立売下ル御所八幡町
ツバキ（侘助、玉兎、白玉椿）125

109 大徳寺
だいとくじ　P163 E 4
北区紫野大徳寺町
アカマツ49　イブキ（市指定天然記念物）59　ツバキ（日光、白玉）124

110 武信稲荷神社
たけのぶいなりじんじゃ　P163 E 5
中京区今新在家西町
エノキ（宮媛〈姫〉、市指定天然記念物）62

111 檀王法林寺
だんのうほうりんじ　P162 F 5
左京区川端通三条上ル
クロガネモチ（区民の誇りの木）82　センダン112

【ち】

112 知恩院
ちおんいん　P162 F 5
東山区林下町

イブキ60　エノキ63　ソテツ114　ハナノキ140　ムクノキ（区民の誇りの木）148　ムクロジ（市指定天然記念物）150

113 智積院
ちしゃくいん　P162F6
東山区東大路七条
ボダイジュ147

114 長徳寺
ちょうとくじ　P162F4
左京区田中下柳町
オカメザクラ98

115 長福寺
ちょうふくじ　P163D6
西京区西京極中町
ツバキ（光格天皇命名石橋、白雲、菱唐糸、小式部）124

116 頂妙寺
ちょうみょうじ　P162F5
左京区二条通川端東入ル大菊町
イチョウ57

【つ】

117 月読神社（松尾大社摂社）
つきよみじんじゃ　P161B6
西京区松室山添町
サカキ（結びの木）95

118 椿寺〔地蔵院〕
つばきでら　P163D5
北区一条通西大路東入ル大将軍西町
ツバキ（五色八重散り椿）124

【て】

119 天道神社
てんどうじんじゃ　P163E6
下京区仏光寺通猪熊西入ル西田町
オガタマノキ65　クスノキ81

120 天寧寺
てんねいじ　P162E4
北区寺町通鞍馬口下ル天寧寺門前町
カヤ（市指定天然記念物）74

【と】

121 東寺〔教王護国寺〕
とうじ　P160E6
南区九条町
クスノキ（弁財天）81　クロガネモチ（南大門・前九条通）82　ケヤキ（金堂）87　コウヤマキ89　サカキ・モッコク（八嶋社）95　シダレザクラ・ベニシダレ100　ツクバネガシ120

122 等持院
とうじいん　P163D4
北区等持院北町
ツバキ（侘助）124

123 道風神社
とうふうじんじゃ　P159C2
北区杉坂南谷
サカキ95　スギ111

124 東福寺
とうふくじ　P160F7
東山区本町
イブキ（市指定天然記念物）59　イロハモミジ68　トウカエデ（通天橋）68　アーモンド156

125 東林院〔妙心寺塔頭〕
とうりんいん　P163D5
右京区花園妙心寺町
ナツツバキ135

【な】

126 長谷八幡宮
ながたにはちまんぐう　P158F3
左京区岩倉長谷町
モミ152

127 半木神社（流木神社）
なからぎじんじゃ　P162E4
左京区下鴨半木町・植物園内
イチイガシ53　トウオガタマ66　カゴノキ71　ハナノキ140

128 **梨木神社**〔萩の宮〕
なしのきじんじゃ　P162 E 5
上京区寺町通広小路上ル染殿町
エノキ63　カツラ（神木・愛の木）73　ハクウンボク156

【に】

129 **西本願寺**
にしほんがんじ　P163 E 6
下京区堀川通花屋町下ル
イチョウ（水噴き・逆さ銀杏）56

130 **仁和寺**
にんなじ　P163 D 4
右京区御室大内町
サクラ（御室有明、御車返し、有明、稚児桜、妹背、殿桜）101

【の】

131 **野宮神社**
ののみやじんじゃ　P159 B 5
右京区嵯峨野々宮町
ヒノキ145

【は】

132 **白山神社**
はくさんじんじゃ　P164 L
右京区京北田貫町
スギ111　ツクバネガシ（樹齢三六〇年・市指定天然記念物）120

133 **幡枝八幡宮**
はたえはちまんぐう　P158 F 3
左京区岩倉幡枝
ヤマザクラ100

134 **八神社**
はちじんじゃ　P162 G 5
左京区銀閣寺町
コジイ104

135 **八大神社**
はちだいじんじゃ　P162 G 4
左京区一乗寺松原町
クロガネモチ82　クロマツ（一乗寺下り松）83　モミ152

136 **八大龍王弁財天**
はちだいりゅうおうべんざいてん　P161 D 9
伏見区淀川顔町
イチョウ57

137 **八幡宮社**
はちまんぐうしゃ　P164 M
右京区京北上中町
スギ（市指定天然記念物）111

138 **羽束師神社**〔坐高御産日神社〕
はつかしじんじゃ　P161 D 8
伏見区羽束師志水町
クスノキ81

139 **花背八桝春日社**
はなせやますかすがじんじゃ　P164 K
左京区花背八桝町
イチョウ57

【ひ】

140 **東本願寺**
ひがしほんがんじ　P162 E 6
下京区烏丸通七条上ル
アカマツ49　ケヤキ87

141 **東本願寺岡崎別院**
ひがしほんがんじおかざきべついん　P162 F 5
左京区岡崎東天王町
タラヨウ117

142 **菱妻神社**
ひしづまじんじゃ　P161 D 7
南区久世築山町
クスノキ81

143 **毘沙門堂**
びしゃもんどう　P160 G 6
山科区安朱稲荷山町
イロハモミジ68　シダレザクラ・ベニシダレ100　ヒノキ145　ヤマモモ（区民の誇りの木）154

144 日向大神宮
ひむかいだいじんぐう　P162G[5]
山科区日ノ岡
サカキ95

145 百丸大明神
ひゃくまるだいみょうじん　P162F[4]
左京区田中門前町
クロマツ84

146 百萬遍知恩寺
ひゃくまんべんちおんじ　P162F[4]
左京区田中門前町
クロマツ84

147 平等院
びょうどういん　P160G[10]
宇治市宇治蓮華
ツバキ（唐椿）125

148 平岡八幡宮
ひらおかはちまんぐう　P159C[4]
右京区梅ヶ畑宮ノ口町
コジイ104　ツバキ（白椿の一水・白玉椿・平岡八幡藪椿）125　モミ152

149 平野神社
ひらのじんじゃ　P163D[4]
北区平野宮本町
イチイガシ53　イチョウ57　エノキ63　クスノキ81　サクラ（魁・平野妹背・突羽根・嵐山・楊貴妃・衣笠）99・101　シダレザクラ・ベニシダレ100　タチバナ（右近の橘）115

【ふ】

150 藤森神社
ふじのもりじんじゃ　P160F[7]
伏見区深草鳥居前町
クスノキ81　クロガネモチ82　ケヤキ87　ハクショウ（三鈷の松）138　ムクノキ149

151 伏見稲荷大社
ふしみいなりたいしゃ　P160F[7]
伏見区深草藪ノ内町
イブキ60　オガタマノキ65　タラヨウ117　ヒメシャラ135　ヒトツバタゴ143

152 峰定寺
ぶじょうじ　P164J
左京区花背原地町
コウヤマキ90　スギ（花背三本杉）111

153 仏光寺
ぶっこうじ　P162E[6]
下京区高倉通仏光寺下ル新開町
イチョウ57　クロガネモチ82　シダレザクラ・ベニシダレ100

【へ】

154 平安神宮
へいあんじんぐう　P162F[5]
左京区岡崎西天王町
シダレザクラ・ベニシダレ100　タチバナ（右近の橘）115

【ほ】

155 法界寺（日野薬師）
ほうかいじ　P160G[8]
伏見区日野西大道町
ボダイジュ147

156 宝鏡寺（百々御所・人形寺）
ほうきょうじ　P163E[4]
上京区寺之内通堀川東入ル百々町
ツバキ（熊谷〔肥後椿ノ原木〕・玉兎・村娘）124

157 豊光寺（相国寺塔頭）
ほうこうじ　P162E[4]
上京区今出川通烏丸東入ル相国寺門前町
タラヨウ117

158 宝泉院（勝林院塔頭）
ほうせんいん　P158H[1]
左京区大原勝林院町
ゴヨウマツ（市指定天然記念物）93

159 法然院
ほうねんいん　P162G[5]
左京区鹿ヶ谷御所ノ段町
ツバキ（散椿、貴椿、花笠）124　ヤブツバキ125　ボダイジュ147　ムクノキ149　モミ152

160 法輪寺
ほうりんじ　P159B[5]

西京区嵐山虚空蔵山町
カツラ（市内最大）72　ムクノキ149

161 本能寺
ほんのうじ　P162 F 5
中京区寺町通御池下ル本能寺前町
イチョウ（火伏せ銀杏）56

162 本法寺
ほんぽうじ　P163 E 4
上京区小川通寺之内上ル本法寺前町
イチョウ（乳房銀杏）57

163 本隆寺
ほんりゅうじ　P163 E 4
上京区知恵光院通五辻上ル紋屋町
クロマツ（夜泣止の松）84

【ま】

164 松尾大社
まつおたいしゃ　P161 B 6
西京区嵐山宮町
オガタマノキ66　カギカズラ70　サカキ95　ムクノキ149

165 松尾三宮社（松尾大社境外末社）
まつおさんのみやしゃ　P163 D 6
右京区西京極北裏町
ケヤキ87

166 萬福寺
まんぷくじ　P160 G 9
宇治市五ヶ庄三番割
キハダ77　クロガネモチ84　クロマツ84　タラヨウ117　チャンチン118

167 曼殊院門跡
まんしゅいんもんぜき　P162 G 4
左京区一乗寺竹ノ内町
ゴヨウマツ（庭園鶴島）93　ヤマモモ（弁天堂）154

168 満足稲荷神社
まんぞくいなりじんじゃ　P162 F 5
左京区東大路通仁王門下ル東門前町
クロガネモチ（市指定保存木）82　ユズリハ156

【み】

169 壬生寺
みぶでら　P163 E 6
中京区壬生梛ノ宮町
ソメイヨシノ99

170 三室戸寺
みむろとじ　P160 G 9
宇治市莵道滋賀谷
アマチャ52

171 三宅八幡宮
みやけはちまんぐう　P158 F 3
左京区上高野三宅町
コジイ104

172 妙顕寺
みょうけんじ　P162 E 4
上京区寺之内通新町西入ル妙顕寺前町
イブキ（区民の誇りの木）59　オガタマノキ66

173 妙蓮寺
みょうれんじ　P163 E 4
上京区寺之内通大宮東入ル妙蓮寺前町
シダレザクラ（御会式桜）100・102　ツバキ（妙蓮寺椿）124

【む】

174 向日神社
むこうじんじゃ　P161 C 8
向日市向日町北山
ソメイヨシノ99

175 宗像神社
むなかたじんじゃ　P162 E 5
上京区・京都御苑内
クスノキ（三幹の楠）80　センダン112　タラヨウ117

【も】

176 元祇園梛神社
もとぎおんなぎじんじゃ　P163 E 5
中京区壬生梛ノ宮町
カリン76　ナギ（神木）133　カクレミノ156

あとがき

社叢学会は鎮守の森を始めとする社寺林、塚の木立、御嶽（ウタキ）などを広い分野から調査研究し、その保護を目的に設立されたものであるが、残念ながら「社叢」、「社叢学」の知名度はまだ低い、本書で社叢への理解が少しでも深まればうれしい。第3章に挙げた樹木はもっと多かったのだが、重要なものに絞った。

社叢学会上田正昭前理事長、薗田稔現理事長はじめ社叢学会の役員・会員の皆さんからは社叢研究・保護活動の中でたくさんの知識をもらった。また、京都園芸倶楽部での活動の中では、社寺の樹木などについて有益な助言をいただいた。お世話になったみなさんにお礼申し上げる。

出版に際してはナカニシヤ出版中西健夫社長および編集担当の林達三さんには、本書を一般の方に読みやすくするために貴重なアドバイスをいただいた。そして社寺の所在地のリスト作りなどもしていただいた。また堺　健さんには風景写真を数枚提供していただいた。みなさんに心から厚くお礼申し上げる。

二〇一五年一月

渡辺　弘之

〈著者紹介〉
渡辺　弘之（わたなべ　ひろゆき）

1939年生まれ、1966年京都大学大学院農学研究科博士課程修了、1966年京都大学助手、1971年講師、1981年助教授、1990年教授、この間、1999年〜2001年付属演習林長、2002年退職。現在、京都大学名誉教授。

国際アグロフォレストリー研究センター（ケニア、ナイロビ）理事、日本土壌動物学会会長、日本環境動物昆虫学会副会長、日本林学会評議員・関西支部長、関西自然保護機構理事長など歴任、現在、社叢学会副理事長、京都園芸倶楽部会長、ミミズ研究談話会会長など。

著書『京都の秘境・芦生』（ナカニシヤ出版）、『由良川源流　芦生原生林生物誌』（ナカニシヤ出版）、『東南アジアの森林と暮し』（人文書院）、『樹木がはぐくんだ食文化』（研成社）、『アジア動物誌』（めこん）、『ミミズと土』（平凡社）、『熱帯林の保全と非木材林産物』（京都大学学術出版会）、『タイの食用昆虫記』（文教出版）、『カイガラムシが熱帯林を救う』（東海大学出版会）、『ミミズ』（東海大学出版会）、『東南アジア樹木紀行』（昭和堂）、『果物の王様　ドリアンの植物誌』（長崎出版）、『熱帯林の恵み』（京都大学学術出版会）、『土の中の奇妙な生きもの』（築地書館）、『ミミズの雑学』（北隆館）など。

京都　神社と寺院の森——京都の社叢めぐり

定価はカバーに表示
2015年4月21日　初版第1刷発行

著　者　渡　辺　弘　之
発行者　中　西　健　夫

発行所　株式会社ナカニシヤ出版
〒606-8161　京都市左京区一乗寺木ノ本町15番地
電　話　075－723－0111
FAX　075－723－0095
振替口座　01030－0－13128
URL http://www.nakanishiya.co.jp/
E-mail iihon-ippai@nakanishiya.co.jp

落丁・乱丁本はお取り替えします
ISBN978－4－7795－0915－5　C0045

写真撮影　渡辺弘之
装丁　上野かおる／地図　草川啓三
印刷・製本　ファインワークス